上海新建筑

李翔宁／序

冯 琼　刘津瑞／编著

广西师范大学出版社
·桂林·

images
Publishing

序　　言: 李翔宁
编　　著: 冯琼、刘津瑞
编写团队: 立木设计研究室、郭岚、焦昕宇、
陈祺伟、吴文珂、罗迪、孙晓敏

冯琼，硕士毕业于同济大学城乡规划系，90后设计师，
立木设计研究室创始人。她主要的实践领域包括城市
更新设计和乡土遗产保护，除此之外，她致力于在异
质混合的当代都市中寻找创作灵感，通过绘画和文字
记录巨变中的中国。

刘津瑞，硕士毕业于同济大学建筑系，85后新锐建
筑师、室内设计师。从大尺度的高层建筑到小尺度的
室内改造，他的设计不拘一格，直切核心的空间问题，
不雕琢而自有风味。在进行设计实践的同时，他还通
过文字和评论探讨当代中国的城市和建筑问题。

Preface

前言

回顾世界大都市的崛起历程，18—19 世纪是巴黎伦敦的世纪，20 世纪是纽约的世纪，而上海的迅速发展被视为 21 世纪城市发展的标杆。在当今的流行语中，人们喜欢调侃着称上海为"魔都"。"魔都"一词来自于摩登都市的缩写，上海近代的"魔性"来自于近代化与传统文化的相互碰撞，这样的气质反映在上海近代"局部有序、整体无序"、多中心多系统混合叠加的城市结构上。可以说，早期"魔都"的魅力正是来自于无秩序、无定形、无规矩，各方势力的盘踞，也为这座城市的异质混合埋下了伏笔。

顶着"魔都"的称号一晃已过百年，上海虽然早已不是芥川龙之介陛下的那个"无秩序无统一之事"和"混沌的莫名奇妙之处"并存的冒险家乐园，但以刘翔和姚明为形象代言的上海速度和高度正为上海创造着新的传奇。有趣的是，与近代史上的无秩序相对应的，经历了社会主义工业化大城市与现代化国际大都市转型的上海，俨然成为国内城市规划和城市管理最先进的城市，并以秩序和规矩而闻名。"魔都"的魔性缓缓褪去，吴地文化的精致逐渐成为显像，与国际化的文化交融，这似乎让我们想起纽约城市蜕变的轨迹。

20 世纪 80 年代开始的 30 年，中国的快速城市化是世界城市史上一个新的奇迹，作为中国门户的上海也不例外地实现了急速的城市扩张，2014 年，上海建设用地面积就已经达到 3100 平方千米。快速城市化的 30 年是中国对于西方建筑理论和城市思想"嚼碎"与"吞咽"的 30 年 ，我愿意把中国城市视作高吸附力的海绵，将人类文明史上城市的不同形态和特质吸收入自身的肌体，创造了一种中西方城市模式的异质混合体。[1] 随着高速度高密度的城市建设迅速进入拐点，上海似乎不再拥有那么多可以肆意抒写的空白空间，转型成为必然的选择。2016 年《上海市城市总体规划（2015—2040）纲要概要》中明确提出"建设用地零增长"的发展目标，也就是说未来上海的建设用地总量将锁死在 3200 平方千米，而城市更新将成为上海城市建设的新议题。从大拆大建到城市有机更新，甚至小尺度的"微更新"，上海正迅速转换着发展的思路。

本书所记录和讨论的 2013—2018 年，是上海市快速城市化之后的第一个缓冲期，对这一时期上海优秀建筑作品的讨论，既是对过去高歌猛进的回顾和思考，也尝试从中获取洞察未来的灵感。本书的理论部分结构精巧，文笔流畅，从"实用主义：栖居魔都"，到"集群实践：青浦嘉定的尾声""全球互动：摩天楼 &SOHO"，再到"流的空间：开发大虹桥"，章节之间彼此独立，而又互相呼应，让人在阅读中思考良多。书中收录这一时期具有代表性的新作，既有上海中心、上海交响乐团音乐厅、龙美术馆等大型地标作品，也有华鑫展示中心、池社、上海大戏院改造等小体量、高完成度的建筑作品。

贯穿本书的主线即上海从现代到当代的历程，跨越了相当长的历史时期。建筑师群体上既有本土建筑师也有国外建筑师，空间上从郊区新城到历史城区。作者长期留心积累了大量的素材，并有效地组织为一个整体，同时也有批判性的观点呈现。本书在纷繁的时空线索中为我们梳理出了一个此时此地的上海。"实用主义：栖居魔都"关注曾经被大量忽视的居住建筑，在"背景建筑"中讨论了这座城市现代主义的缘起、碰撞和发展，以及对当下城市景观的"瞬间"塑造。"集群实践：青浦嘉定的尾声"关注一批本土建筑师的涌现和成长，并借此讨论在全球文明体系中，作者对于"中国性"和"地域性"新的洞察和思考。"全球互动：摩天楼 &SOHO"关注在上海发生的中西方非对称交流，以及在某种"拿来式"学习中发展起来的当下的建筑行业。"流的空间：开发大虹桥"是全书理论部分的高潮，作者大胆地提出了当下建筑学的共同困境及大都市的"流动"本质，探讨了对"流的空间"的研究指向建筑学未来的可能途径。

1 Li Xiangning. 'Towards Chimerican Urbanism' in Peter Noever, Kimberli Meyer eds., Urban Future Manifestos [C]. Ostfildem: Hatje Cantz, 2010.

李翔宁

2018 年 3 月 5 日

Contents 目录

实用主义：
栖居魔都

1 [德] 恩斯特·卡西尔. 人论 [M]. 上海：上海译文出版社，2004.

2 根据维基百科解释，Plattenbau 是由混凝土预制建造的永久性建筑，一般我们认为是 "大板" 建筑组成的居住区。

3 在德国、法国等资本主义制度的欧洲国家，这种形式的居住区在战后的城市郊区大量兴建，一般以低收入阶层和外来移民的住所，由于人口结构、居住隔离等原因成为城市中犯罪率较高的地区。伴随着后现代主义批判的兴起，这类住宅区由于单调、抽象而受到批判，在 20 世纪七八十年代之后，欧洲国家并没有停止这类居住区的建设。虽然这类居住区空置率不高，却是社会问题集中爆发的地区，2005 年巴黎暴乱大多数都是在这类居住区内发生。

4 [美] L. S. 斯塔夫里阿诺斯，全球通史——1500 年以前的世界 [M]. 上海：上海社会科学院出版社，1999.

5 [美] 肯尼斯·弗兰姆普敦（著）. 现代建筑：一部批判的历史 [M]. 张钦楠（译）. 北京：三联书店，2004.

在空中鸟瞰上海的时候，高密度蔓延的都市景观中，除了跳脱出来表征结构的黄浦江和高架路之外，整个城市呈现出一种均质的状态。少数地标建筑混杂在大量的背景建筑中，城市面目变得看不清楚，这是一种并不愉悦的体验。在评论家的视野中，作为背景的居住建筑被刻意地忽视了，它们大多只是有着不同装饰的相似结构，让城市变得千篇一律。然而，站在现在这个时间点，我们不得不重新检视一下这些曾经被大量忽视的居住建筑，它们见证着这座城市的现代主义缘起、碰撞和发展，也形成着城市的基础景观，而这中间很多复杂的缘由并不是简单的土地制度所能够概括的，其中蕴藏着丰富的细节。

一、背景建筑

在主流设计媒体和评论家们重公建而轻住宅的今天，城市中的居住建筑在 "建筑学" 话语中被日益边缘化。尽管已经高度商品化的居住建筑设计市场能够提供丰厚的产值，但一方面这些工作大多被大型专业化设计公司所承担，个人明星建筑师们很难在其中分一杯羹，另一方面这些工作看起来并不 "酷"，与海内外建筑媒体和明星建筑师们想要追求的时尚标志、格调品味、人文关怀或者特立独行都不沾边。然而，毋庸置疑，居住建筑是城市的核心组成部分之一，当下 "建筑学" 对居住建筑的忽视无异于鸵鸟姿态。居住建筑已经形成了中国城市的景观风貌，也被视为 "千城一面" 的重要元凶。

从 20 世纪 90 年代到现在，野蛮增长的住宅市场创造了大量的设计工作，但由于重复性高且对创新要求低，此类项目被建筑师们戏称为 "产值"。随意抽取近 10 年上海新建楼盘的名字就可以发现两种主流的取向，一种是用如 "罗马" "托斯卡纳" 等国外地名表达洋气，另一种是则用如 "君" "御" "府" 等中国风字眼彰显尊贵。这两种主流的审美取向下，居住建筑混合着各种风格扑面而来，然而吊诡的是，在表皮风格迥异多变的同时，建筑关系却恪守着南北朝向、行列布局的教科书模板。居住是人们存在状态的总和，也是城市社会交往的基础。恩斯特·卡西尔认为 "人被宣称为是不断探究他自身的存在物——一个在生存的每时每刻都必须查问和审视他生存状况的存在物"[1]。居住是我们认知一个城市的起点。在本文的讨论中，我们将居住建筑称为 "背景建筑"，它们数量巨大然而面目相近，它们是城市巨幕中的背景，却已经改变了我们感知和观看城市的体验。

这种行列布局缘起于欧洲，虽然在二战后西方各国都有所实践（尤其是为了消耗二战后的军工产能），但西方国家的实践普遍集中在城市周围的郊区，形成以预制混凝土板为重要特征的 "大板" 建筑组成的大型居住区[2]，这种松散、均质的布局形式在后现代主义批判的影响下逐渐被废止[3]。不过这种行列布局形式却在当代中国形成燎原之势，彻底改变了大量城市中心城区的景观。建筑与城市的变革往往在关键的时间点一触即发，斯塔夫里阿诺斯在《全球通史》里说过："1918 年的欧洲不同于 1914 年的欧洲，就像 1815 年的欧洲不同于 1789 年的欧洲一样。"[4] 现代建筑运动在一战后的废墟中快速发展，其中 CIAM 的几次会议是其中最重要的集体表达，也在这样的讨论中，现代主义建筑师们达成共识——行列式是最经济、最科学的布局方式。

1929 年，CIAM 第二次会议则着重于 "最低限住宅"，格罗皮乌斯在 "最低限住宅的社会基础" 的讲座中提出合作与共有时代中对于家庭关系的解构，认为城市住宅未来的方向一定是多层多户的集合住宅；1930 年，CIAM 第三次会议的主题是合理的地块开发，在这次会议中建筑师们关于低层、多层、高层建筑的适用性并没有达成完全的共识[5]。会议中，柯布西耶提出了他的 "光辉城市" 的规划方案，这个以高层集合住宅和大片绿地道路为特征的城市形态也成了现代主义建筑理论中最突出的规划方案，"融汇了傅里叶的知识精英社会模式、苏维埃式的社会实验、戛涅的工业城市布局、强调自律和自我解放的胡格诺清教精神、孔德的实证主义传统，以及作为艺术家的柯布西耶对资产阶级贫弱趣味的反感和批评"[6]，以至于在今天的中国城市中能够寻找到完美地复刻，尽管所秉承的价值理念已与柯布西耶的克己自律全然不同。

站在当下"千城一面"的中国城市中，我们可以找到千万种理由批判现代主义建筑的标准化和物质性对于城市活力和魅力的伤害，但不可否认的是，行列式布局在现代主义建筑诞生时的先进性。现代主义建筑师们在那个时代已经意识到住宅本质上是经济问题和社会问题。只有通过标准化、工业化的建造来降低成本，才有可能提供当时的工人阶级可支付的住宅，也只有强调阳光和通风，才能够应对当时城市聚居中最严重的卫生问题。泰勒主义的建造工作能够创造出均质的居住空间，其中包含对平等、自由、开放的价值观的彰显。这种价值观在 20 世纪初是困境中的资本主义社会所生发出的极其重要的思潮。格罗皮乌斯在他的《新建筑与包豪斯》中提出："不过在所有这些富有趣味的工作中，我最关注的问题是，为收入最低的社会阶层提供最起码的栖身之处；为中产阶级提供经济性配置的独立单元；以及每种住房应该采用什么结构形式才合理——高层大楼、中层公寓式建筑、还是小型的独栋住宅。而在这些问题背后，仍然是整个城市作为一个有规划的有机体，其合理形式的问题。"[7] 在这本书中，格罗皮乌斯在一块尺寸约为 152.4 米 ×228.6 米的空地上讨论建造南北朝向的独立式公寓大楼，并在其中针对分别是 2、3、4、5、6 和 10 层的住宅提供生活空间和绿化空间，认为 10～12 层的公寓大楼能够在为居室提供日照的同时，为城市带来更多的公共活动空间。住宅建筑的南北朝向、行列布局开始成为现代主义建筑的一种集体认识。从技术的角度来看，行列式主要借助于现代日照标准作用于城市，其中包括消极义务的阳光权调节和积极义务的设计规范[8]。早在罗马法时期就已经形成了以消除消极影响为基础的"古典阳光权"（11 世纪），亨利·索瓦热在 20 世纪初设计的多层阶梯式住宅是"古典阳光权"的最后回响。现代日照标准是在一战之后确立的，1925 年，弗兰茨·克劳泽提出日照有效值的概念；1928 年，列·巴德的《城市规划学》中提出日照取决于地理位置、建筑朝向等因素；1932 年，CIAM 第四次会议上提出应保证住房日照，并规定每天不少于 2 小时。

6 王又佳，金秋野. 克己之城：光辉城市中的批评立场兼论柯布西耶的城市理念 [J]. 建筑学报. 2012.

7 [德] 沃尔特·格罗皮乌斯. 新建筑与包豪斯 [M]. 重庆：重庆大学出版社，2016.

8 王孟永，王伟强. 射入建筑的采光与日照——1830 年代至 1930 年代光照标准的演进历程与启示 [J]. 城市规划，2014（9）.

9 [德] 沃尔特·格罗皮乌斯. 新建筑与包豪斯 [M]. 重庆：重庆大学出版社，2016.

图 1 格罗皮乌斯的建筑排列方式比较[9]

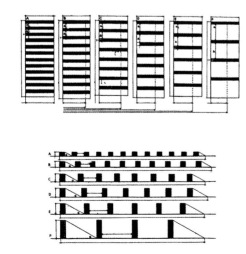
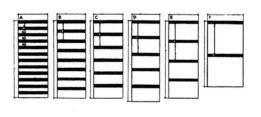
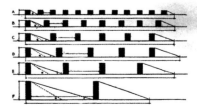

I

II

20 世纪五六十年代，关于行列式和围合式的讨论一直是中国居住区设计中的一个重要问题，一般认为行列式更适应传统观念里对于通风和采光的要求，但是围合式更能够形成良好的城市界面。南北朝向是我国居住空间布局的基本原则，根据现代日照标准中关于建筑朝向和阳光角度的研究，南北朝向、行列排布时可以通过最小的间距使后排建筑获得足够日照，这是古老智慧在现代建筑思想中的沿袭。现代日照标准伴随着现代建筑思想一同进入中国，在《大上海都市计划》二稿报告中已经有根据上海的经纬度计算出的单栋房屋冬至日不少于 4 小时日照控制的规定 [10]。1949 年之后，我国的现代日照标准在苏联的影响下逐渐成形 [11]。此外，中国的现代居住区设计也深受邻里单位思想的影响。这一思想一方面在中华人民共和国成立前就由当时留欧留美的建筑师和外国建筑师带到了中国 [12]，这在当时的圣约翰大学城市规划课程教案 [13] 和《大上海都市计划》中都有体现；而另一方面，这一思想也同时在苏联被发展为小区模式，继而在 1949 年之后由苏联专家带到中国。1952 年，苏联专家穆欣、阿谢普可夫、巴拉金、克拉夫秋克等人在中国普及 "社会主义现实主义" "民族的形式、社会主义的内容" 等建筑理论。在当时 "一边倒" 政策的影响下，苏联的居住区设计思想也成为当时的蓝本。《中国现代城市住宅：1840—2000》一书中将此表述为："1949—1978 年的中国住宅规划设计思想发展基本上是围绕为工业化发展服务，以苏联模式为蓝本的波动。" [14] 苏联的街坊模式具有典型的围合式特征，强调秩序和轴线，确保街区内部的安静。1953 年建成的北京百万庄小区规划中能够明显地看到苏联模式的影响，建筑师张开济运用 "子丑寅卯辰巳午未申" 的划分，将当时居住的秩序、社会的秩序乃至国家的顺序完美地安排在一个现代化居住区的方案中，这样的严谨规整既回应了中国传统文化的庄重感，又能够彰显社会主义新政权的秩序感。

然而，上海建国伊始的住宅区设计实质上是在延续中华人民共和国成立前对邻里单位和现代主义的研究。 1951 年竣工的曹杨一村是典型的以地形为基础的行列式布局，不仅经济适用、美观大方，还能够适应上海的气候条件。但是在 1952 年苏联的居住区规划思想引入后，由于意识形态的原因，曹杨新村被作为 "资本主义城市规划思想的体现" 而进行批判，在后续的曹杨新村建设中可以看到受苏联影响而产生的局部的围合式布局。在 1954 年底，苏联也开始对斯大林式的纪念性空间展开批评，并引发了 1955 年中国的 "反浪费运动"，因而建筑布局又重回以行列式为主，并且在其中通过灵活的单元组合来实现变化。这个时期建筑思想的反复严重打击了中国建筑的创作，也让建筑创作更加依附于意识形态，在此之后的很长时间内，中国的建筑设计一蹶不振，并且只能小心地在 "现代主义" 和 "原功能主义" 之间的夹缝中游走，避免触碰到资本主义、形式主义等雷区。在住宅建筑和居住区设计上则体现为更少的装饰和更集体化的空间，使居住区更加成为社会主义的意识形态的载体和社会治理的空间单元。

为了打破行列式布局所带来的单一刻板的空间感受，当时大量的居住区设计都采取了混合式的布局方案，例如在 1963 年番瓜弄小区改造中，除了平行行列式之外还穿插了点式布局和变形的周边式，以获得更为丰富的空间效果。而后来的曹杨新村加建也大量使用了较短的行列式和点式。即便是经过了这样的种种努力，在这个时期，上海所建造的数百个工人新村还是在当时中心城区的外围形成了另外一种城市景观，表征着社会主义工业化大城市对于秩序和规整的要求。总的来说，出于当时工人新村较低的住宅标准限制，南北朝向、行列布局能够充分地利用冬季宝贵的日照和避免西晒的问题，能够在建筑保暖等技术水平较低的状况下提供最适宜的居住条件，因而行列式布局在 20 世纪五六十年代的实践和争论中逐渐成为主流范式。

10 《鲍立克在上海—近代中国大都市的战后规划与重建》中讲到："除了注意对建屋数量控制不超过计划人口密度之外，还要保证日照间距，按照单栋房屋冬至日不少于 4 小时日照控制。"

11 目前日照标准主要体现在《城市居住区规划设计规范》、《住宅建筑规范》，以及《物权法》中关于 "阳光权" 的规定。2007 年，我国颁布实施了《物权法》，在第 89 条中第一次明确规定了 "阳光权"，并且赋予了工程建设标准进行更具体的规定："建造建筑物，不得违反国家有关工程建设标准，妨碍相邻建筑物的通风、采光和日照。"《城市居住区规划设计规范》指出，住宅间距，应以满足日照要求为基础，综合考虑采光、通风、消防、防灾、管线埋设、视觉卫生等要求确定。如果地处 Ⅰ、Ⅱ、Ⅲ、Ⅶ 气候区，大城市住宅建筑不应低于大寒日 2 小时的日照标准，中小城市住宅建筑不应低于大寒日 3 小时的日照标准。《住宅建筑规范》：住宅应充分利用外部环境提供的日照条件，每套住宅至少有一个居住空间能获得冬季日照。

12 曹杨新村的设计师汪定曾："那时，我们这些欧美归国的建筑师，头脑中一直想的是欧美盛行的邻里单位思想，就是在社区的中心造公共建筑，比如学校、银行、邮局等，然后在周边造居民房。"

13 侯丽、王宜兵. 鲍立克在上海—近代中国大都市的战后规划与重建 [M]. 上海：同济大学出版社，2016.

14 吕俊华、彼得·罗、张杰. 中国现代城市住宅 1840—2000 [M]. 北京：清华大学出版社，2002.

发展初期，房屋结合地形布置，没有显著的院落，曹杨新村即属于此类型。1952年行列房屋的集居组合中有集中的绿地；1953年行列与曲尺形房屋渗和组合，空间的组织比较有变化；1954年封闭性的院落周边组合，通风与朝向欠佳，院落内弄路互成直角，不切实用，同时内部空间绿地与外界中断；1955—1956年街坊内大部分房屋皆采取好的朝向，为了照顾街景而混合组合；1957年街坊房屋布置更能在照顾朝向与通风的原则下依自然地形取得多样性的变化。

——《上海沪东住宅区规划设计的探讨》[15]

图2 上海20世纪50年代住宅形制变化图[16]

另外，我们的建筑条件还不是很高，夏季的防晒隔热设备和冬季的取暖设备还不好，还不很高；居住设计指标也不高，大约平均每一居民4平方米左右，每户的居室很少，面积也比较小。朝东西向布置居住建筑时（按周边式的布置，居住建筑将沿四周街道布置，不可避免地会使一定数量的居住建筑朝东西向），一方面，失去了良好的日照；另一方面，在夏天则热不可耐，如处蒸笼，房间小而少，没有退路可逃。到冬天则寒风凛冽，阴森森的，这种滋味是十分难受的。假如我们深入地去体会，就能获得深刻的印象。这种生活上的不适用也就是一种严重的浪费现象。

——《关于居住建筑布置方案的讨论》[17]

组团、小区、居住区的三级结构基本在20世纪五六十年代成型，其中组团是几幢住宅楼围绕食堂组织形成的基础单元；小区则会在一些组团的中心或者边缘设置菜市场、小学等；而居住区则会配建商店、中学、邮局等高等级服务设施。居住区按照服务半径分级配置公共服务设施的原则被固定下来，这一原则具有极其强烈的意识形态色彩，"小区的组织结构应与行政组织（如公社组织）密切配合，以便管理。"[18] 每个居住小区设置居民委员会以管理居民生活，形成了秩序和等级严明的组织结构。居住单元与生产单元、教育单元一起，构成了社会主义工业化城市的三大基础，并且在空间形式上将这种社会组织进行强化。在当时的居住区中，人们的起居、劳动、饮食等活动都被有序地管理起来，个人主义被完全地压制了，集体意识是至高无上的社会生活准则。

20世纪90年代，中国住宅逐步市场化之后，原有集体主义时期体现均等与秩序的设计原则转而适应了市场对于"均好性"的销售要求。小区模式由于其良好的私密性和庇护性而备受推崇，行列式封闭住区成为首选。公有制时期形成的"集体主义"意识形态和市场化之后的极端"个人主义"精神实现了完美的无缝对接，继而这种行列式封闭住区借助市场的力量广泛地复制。尤其是在市场实践中，东西向和非封闭的住宅在市场上非常不受欢迎，倒逼发展商进一步统一在上述范式中。同时设计规范上对于居住区绿地率的严格要求，虽然在一定程度上分担了中心城区绿地不足的压力，但却导致了高层低密度高绿地率的行列式封闭住宅区的泛滥，尤其是在中心城区的"推广式"改造中，高层低密度肌理取代了原先的低层高密度肌理。据统计，上海市中心城区高层建筑总数在1999年底就已经达到了3185幢，与此同时，原有的城市肌理遭到了严重破坏。伴随着大量的封闭式小区的营造，中心城区的道路面积比也在降低。在

15 徐景猷，方润秋.上海沪东住宅区规划设计的研讨 [J].建筑学报，1958（1）：3—11.
16 图片引用自《上海沪东住宅区规划设计的探讨》一文。
17 纪平.关于居住建筑布置方案的讨论 [J].建筑学报，1956（02）：103—107.
18 汪定曾，徐荣春.居住建筑规划设计中几个问题的探讨 [J].建筑学报，1962（02）.

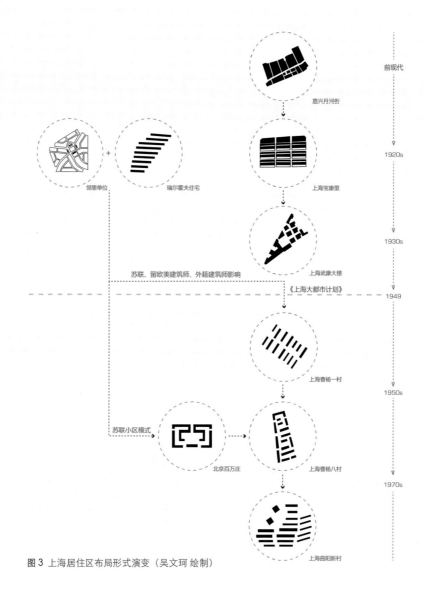

图 3 上海居住区布局形式演变（吴文珂 绘制）

实际的商品住宅项目中，日趋严格的日照审批使得设计人员更难在空间布局上进行创新，无论是这个时期土地出让时对于较大街坊的鼓励，还是对封闭式小区的推崇，都在一定程度上强化了中国式的居住空间。

二、居住：一种城市权利的象征

近代以前江南地区就已经形成了发达的商品交换网络，这个网络以劳动分工和专业化生产为基础，只是其中交换的轻工业产品并非由"矿石燃料"所支持的机器生产所得，而是基于精巧的手工劳作。"由于这种地位，在包括中国在内的东亚地区的地区劳动分工与专业化的发展中，江南逐渐成为附加值高的轻工业产品的生产中心。"[19] 古老的文明在有限的土地供给下，不断生发出能够哺育更多人口的生产关系，这是一种自我平衡的城乡体系。此时，上海还只是长江入海口的一个小县城。然而在当时的欧洲，工业革命引发了人类所有活动领域的剧烈变化，工业化大生产的集聚效应推动了人口大规模向城市集中。由于率先开始工业革命，英国在 19 世纪成了世界上最强大的工业帝国，人口分布也由 1801 年的 1/5 的人口居住在城市，变成了 1901 年的 4/5 的人口居

19　李伯重.江南的早期工业化 1550—1850 年 [M].
　　北京：中国人民大学出版社，2010.

住在城市[20]。工业化推动人口集聚，进而实现更高程度的城市化，这种新的城市化模式已经成了不可逆转的潮流，没有文明可以幸免。上海自开埠以来的发展历程，见证了中国走向工业化、城市化与现代化的曲折艰辛。在城市化率已经 57.35% 的今天，我们重新审视在城市中"居住"这个问题，依然可以获得非常丰富的思考。

工业化对城市最深刻的影响来自它对人口吸纳的速度[21]，在欧洲城市工业革命时期，快速的人口增长对当时的城市设施产生巨大的压力，而住房短缺和公共卫生则是其中最严重的问题。"整个家庭挤在同一个屋子里是非常普遍的情况，他们在这个房间里出生、生活、睡觉，并在家人中间死亡。"[22]"有些家庭甚至是六个人挤在一张床上，大人小孩把床的两头都躺满了""许多排这类房子是背靠背盖起来的，前面的一条通道通往一个狭窄的院子，而对面房子的住户不走出自己的门就可以把手伸过街去握手。"[23]当时工人们居住的环境对于通风、采光、卫生的需求直接推动了 1848 年《公共卫生法案》的颁布，并且激发了后续的现代主义城市规划和建筑运动。

传统建筑学主要是为权贵阶层服务的。"一直到 1876 年诺曼·肖（Norman Shaw）设计的位于贝德福德公园（Bedford Park）郊区的中产阶级住宅之前，还没有哪个建筑师能够在 19 世纪的建造住宅运动的历史中起到显著的作用。"[24]建筑学通过宫殿和庙宇来建构权利的空间。19 世纪工业革命所带来的巨大冲突引发了空想社会主义的思潮，罗伯特·欧文和傅里叶是其中的典型代表，启蒙运动把理性主义和平等自由思想普及开来，而这也是现代建筑思想的源泉。1914—1918 年的第一次世界大战，包括欧洲所有工业化强国在内的 30 个国家卷入了这场战争，也直接改变了世界格局。战争带来的巨大创伤和空前的城市化推动了现代主义建筑的蓬勃发展，而其中的精髓便是用工业化、普遍化的方式生产出服务大众的建筑。柯布西耶在《走向新建筑》序言中写道："现代的建筑关心住宅，为普通而平常的人关心普通而平常的住宅。它任凭宫殿倒塌。这是时代的一个标志，为普通人，为'所有的人'研究住宅，这就是恢复人道的基础。"[25]笔者认为，这是现代主义建筑运动的精髓，即以最高的效率使城市可以服务更广泛的市民，并从住宅开始把"城市权利"交还给公众。

在开埠以前，上海县城里已经有"同仁里""聚贤里"等居民聚居点。1845 年，英美法相继在上海划定租界，最初规定"华洋杂居"。后来 19 世纪五六十年代小刀会起义和太平天国三次东征，县城周边原苏南、浙北的富绅们纷纷涌入上海租界以躲避战乱，进一步推动了"华洋杂居"的局面。人口激增导致对住宅的需求迅猛增长，进一步刺激了租界内房地产的发展。一些商人开始营建一批二层至三层的木质联排房屋，造价低廉且扩展迅速，1860 年在公共租界内数量高达 8740 幢。1869 年，出于对防火和安全的考虑，公共租界干部局颁布第三次《土地章程》，明确禁止营建木屋，由此租界内开始建造砖木混合结构住宅，也就是早期的里弄住宅。早期里弄住宅是江南院落民居适应土地集约利用的改良版，一般为三间两厢房的二层楼房，同时期也有五间双厢加走马廊的变体。"堂"始终是家庭的核心空间，与当时的联合家庭结构相适应，并且这个时期除楼梯外并没有出现独立的公共空间，如宝康里、公顺里、兆福里等[26]。人口增加和地价上涨促使单开间的后期石库门里弄民居的出现，除了保留前后天井之外，在附屋上部增加一层或者两层的亭子间以满足居住需求，如建业里、均益里、西斯文里等。由于后期石库门里弄更加紧凑方便、造价较低，因而在当时建造量很大。另一类是面积更小的广式里弄住宅，内部除了厨房之外，只有 2、3 个房间，居住条件较差。除此之外，还出现了面宽更大、进深更浅的新式里弄，它们受到西化生活方式和西式联排住宅的影响，出现了包括厕所、盥洗、淋浴设备的卫生间配置，取暖设备和汽车

20 孙施文·现代城市规划理论 [M]. 北京：中国建筑工业出版社，2007.

21 刘笑盈·推动历史进程的工业革命 [M]. 北京：中国青年出版社，1999.

22 [英]E. 罗伊斯顿·派克编·被遗忘的苦难：英国工业革命的人文实录·蔡师雄、吴宜豪 [M]. 庄解忧（译）. 福州：福建人民出版社，1983

23 [英]E. 罗伊斯顿·派克（编）. 被遗忘的苦难：英国工业革命的人文实录·蔡师雄·吴宜豪 [M]. 庄解忧（译）. 福州：福建人民出版社，1983.

24 John Burnet. A Social History of Housing:1815—1985. Seconded.London：Methuen&Co.Ltd,1986.

25 [法] 勒·柯布西耶·走向新建筑 [M]. 陈志华（译）. 西安：陕西师大出版社，2004.

26 上海市房地产管理局（编著）. 上海里弄民居 [M]. 北京：中国建筑工业出版社，1993.

间, 同时空间上出现了独立的交通空间以减少对于房间的穿越, 以满足保护隐私的需要。除了对传统民居的变化发展外, 在住宅类型上对于国外的公寓住宅和高层住宅的引入也是一个风潮。它们大多数由洋行设计, 体现出多元化的国际风格, 如武康大楼、吴江大楼、集雅公寓、陕西公寓、河滨大楼, 等等, 但这些公寓住宅在建筑上一致地呈现出私密化的倾向, 缺乏集合住宅想要追求的公共空间, 更多的是出于迎合当时摩登审美的商业表达。总的说来, 由于上海是一个移民城市, 在 20 世纪 40 年代后期移民比例高达 92% 以上, 因而居民之间的邻里关系较为淡漠, 这和当时的住宅建筑内向型特征相符。

由于社会动荡、战乱不止, 大量的地主豪绅举家迁入上海, 同时破产农民也开始进入上海务工或者流浪, 上海的人口在 1914 年已经增加到近 200 万, 1927 年达 264 万, 1936 年达 380 万, 平均每年增加 8 ~ 9 万人。当时的上海是贫富差距巨大、社会分层严重的, 正如理查德·鲍立克 (Richard Paulick) 在写给瓦尔特·格罗皮乌斯 (Walter Gropius) 的信里所说:"上海的社会结构是由一大群有钱人和赤贫的、住在棚户中的无产阶级所组成……"[27] 城市中的上层居民居住在花园住宅、花园里弄和公寓里弄中, 中上层的银行、机关、教育的职员租住在公寓住宅和新式里弄住宅中, 而大量中下层居民则最多只能多户合租在陈旧的老式石库门住宅, 甚是是住在各种简单搭建的草棚之中, 而这些人占到了城市总人口的 70% 以上[28]。1937 年, 长达 3 个月的淞沪抗战将租界以外的闸北、虹口、杨浦等地区破坏了大半, 大量人口因为避难而涌入租界, 导致租金进一步暴涨, 大量无力支付租金的底层市民在苏州河的北侧自建棚户[29]——在近代上海繁华绮丽的阴影中, 是底层人民贫穷而苦难的生活。

图 4 上海城镇人均居住面积 (建筑面积) 统计及换算比较图[30] (吴文珂 绘制)

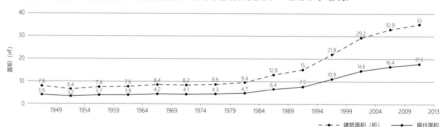

表 1 上海改革开放前各类住宅面积统计[31]

年份	居住房屋	公寓	花园住宅	职工住宅	简屋和棚户	里弄
1950	2361	101	224	1	323	1712
1955	2668	101	224	162	324	1858
1960	3602	101	224	500	500	2278
1965	3741	101	225	640	640	2293
1970	3871	101	225	741	741	2345
1975	3849	86	127	857	857	2201
1978	4117	90	128	1140	1140	2210
增加面积	1756	-11	-96	1139	1139	498

27 侯丽, 王宜兵. 鲍立克在上海—近代中国大都市的战后规划与重建 [M]. 上海: 同济大学出版社, 2016.

28 参见《调查上海工人住屋及社会情形计略》。

29 有用茅庐竹席搭建的"人"字式的滚地龙、"介"字式的草棚和"尸"字式的水上棚户。

30 李振宇. 从住宅效率到城市效益—当代中国住宅建筑的类型学特征与转型趋势[J].时代建筑, 2016 (6).

31 原始数据参见《上海住宅 (1949—1990)》. 吕俊华, 彼得·罗, 张杰. 中国现代城市住宅1840—2000[M]. 北京: 清华大学出版社, 2002.

1949 年是上海城市发展的一个重要转折点,随着新中国的建立,社会主义改造深刻地改变了上海社会。那个时候的上海被认为是"寄生虫的城市,是犯罪和难民的城市,也是冒险家的乐园"[32]。上海是当时中国工业化和城市化水平最高的城市,也是一座现代性[33]的孤岛,但它存在着一切被社会主义所批判的东西,是资本主义与帝国主义的遗存。新政权领导下的国家采取高积累、低消费的政策,"增长最快的是制造生产资料的生产,其次是制造消费资料的生产,最慢的是消费资料的生产"[34],因而必须优先工业化,并且压抑城市化的发展,将消费型城市改造为工业型城市,而整个国家的经济也转向社会主义公有制和计划经济。同时,在工业化和城市化的导向上,也是优先能源充裕的内地地区,围绕重点工业项目来建设新兴工业城市。1949 年 5 月 25 日,随着解放军先头部队进入上海,上海的政权更替短暂而有序地完成了。新政权采取了渐进式的策略以改造社会,陈毅市长的助手潘汉年通过公共活动来维持资产阶级的稳定,以推动企业恢复生产、城市恢复运转,新旧政权中的精英分子达成了短暂的融合。与此同时,旧上海里弄里的社会组织——主要是帮派和社团被有效地打击,新政权以居民委员会的形式对当时生活在里弄中的群众进行重新组织[35]。除了居民委员会之外,单位成为社会组织的另一种主要形式。在 1955 年底开始的公私合营运动中,大型企业转化为国营,而小企业则转化合并为集体企业。伴随着社会和经济改革,国有企业里享受终身制工作和各类福利的工人也成了社会中的特殊阶层。但这种优待只属于一部分国有企业的职工,将大量非本地户籍、非国有企业的劳动者和失业人员排除在外。

工业化必须以"剥夺性积累"为前提,正如西方的工业文明开始于被圈地农民的血泪,这个时期的重工业发展是以"很大程度上剥削"广大人民群众的消费为前提的,当然上海这样的消费型城市的这类功能也必须被压抑——在资本循环中的消费环节被严格管制,将几乎全部资本都投入了生产资料的积累中。作为计划经济的支柱,上海将80% 以上的税收贡献给中央政府[36],只能以较少的资金维持城市建设,这座现代化大都市在中华人民共和国成立后地位迅速滑落。由于缺乏城建资金,上海无力修建宽阔的街道和苏联风格的建筑,这使得近代形成的资本主义城市景观得以保存[37]。与北京大量的社会主义新建筑相对应的是,上海在这一时期仅留下了上海展览中心一座斯大林式的宏伟建筑作为中苏交好的历史印记。同样,在上海解放后的住宅建设中,我们也能发现上海相较于北京受到较少的苏联影响。正如前文所述,上海的住房匮乏已经是当时城市发展的重要问题。1949 年,上海包括棚户区"滚地龙"在内的住房面积仅2300 万平方米,人均居住面积仅 3.9 平方米,而在 1951 年底对上海工人的居住情况调查显示,一类产业工人人均 3 平方米,很多人均不足 1 平方米,而三轮车工、清洁工、码头工人等非产业工人则只能挤在环境较差的棚户区内,最底层的失业、半失业的贫苦人民居住在芦棚和破船内。新中国建立之后,上海在没收的原有帝国主义和官僚资本的房产的基础上建立了公有房地产制度,这部分没收的房产构成了城市的直管公房,但同时在 1949 年至 1956 年期间,对城市私有房屋采取了保护政策,因而在 1956 年以前,私有房屋仍然占据城市住房的绝大多数,这样的住房供给体系远远无法满足城市对于住房的需求。1951 年,上海开始进行大量的工人住宅建设,至 1978 年共建成约 1140 万平方米。1951 年,上海第二届第二次各界人民代表会议确定城市建设应首先为工人阶级服务,同年上海成立工人住宅建设委员会并选址在普陀区建设 1000 户工人住宅。该住宅于 1952 年竣工,被命名为曹杨一村,这也是共和国历史上首个工人新村。这些新村住宅被分配给劳动模范们,工人新村所代表的集体主义新生活在住宅设计中得到强化。随后,大量的工人新村开始建设以缓解上海紧张的住房供给状况,而 1956 年彻底的住房公有化也导致整个住房供应开始以"福利分房"为主。

[32] 参见《经济周报》,1949 年 8 月 25 日。

[33] 现代性指的是本质上的现代化,从现代化到现代性是从量变到质变的过程。

[34] [俄] 列宁. 论所谓市场问题 [M].1893.

[35] 这部分群众主要是小贩、家庭妇女、临时工和无业者。

[36] 参见《上海史:走向现代之路》。"据统计,从1950 到 1979 年间,上海向中央上缴的财政收入超过了上海自身市政预算收入的 13 倍。一般是税收的 87% 上缴北京。"[法]白吉尔(著).上海史:走向现代之路 [M]. 王菊,赵念国(译).上海:上海社会科学院出版社,2014.

[37] 工人新村和卫星城镇可能是这一时期上海最突出的城市建设成果。

为了控制住宅造价与标准，当时的工人新村主要采用了砖混结构。1951 年，1000 户住宅设计[38] 采取了三户合用厨房、厕所，三开间为一单元的设计；1952 年的 2 万户住宅设计采取五户合用厨房与厕所的设计；1954 年出现内廊单元式的标准住宅平面。"一五"计划期间，重工业被列为优先发展的产业并进一步压低城市建设的投资，住宅设计也引入了苏联的标准和方法（人均 9 平方米）。由于提高的住宅设计标准与实际的居住水平相差过大，每套内廊单元式住宅分配给多户使用，出现了"合理设计、不合理使用"的情况。20 世纪 50 年代中期，在非生产性建筑中，"反浪费"成了主流，"适用、经济、在可能的条件下注意美观"成为住宅设计的基本方针。在"大跃进"时期，住宅建设的投资进一步下降，从设计角度响应《人民日报》的社论"反对浪费、勤俭建国"。这个时期对于人均住宅面积标准的反思使得住宅设计重新回到人均 4 平方米左右的合理范围，住宅设计开始和实际分配相吻合，直接促使以家庭为单位的独户住宅设计的产生。"根据实际需要，住宅应多采用面积较小的居室，而增加每户居室的数目。"[39] 这个时期开始出现每户居室数目增加的小面积套型的探索，并且通过小天井、大进深方式来实现更高的经济性。这个时期的住宅建筑主要是为了应对城市住房的短缺问题，厨卫合用、造价较低、户型均质，它们一定程度上强化了当时国企职工的"生活标准化"和"思想标准化"。集体生活中的每个个体都把一部分权利让给了集体，在室内的家庭生活中也无法保障个人的隐私，客观上将传统家庭生活进行了解构。

20 世纪 70 年代中后期上海开始出现高层住宅，例如 1975 年左右的漕溪北路高层住宅、1976 年左右的陆家宅高层等，上海再一次出现 20 世纪 30 年代风靡一时的高层公寓的住宅类型。在改革开放之后，新建的高层住宅迅猛发展，例如 20 世纪 80 年代的朝阳百货公司住宅和华山住宅大楼都是当时的代表作，同时这个时期针对境外住户的外销公寓的空间设计出现了更大的弹性，例如 1979 年的宛南新村就已经出现了的"三室一厅""明厨明卫"设计，使得住宅可以在较为宽松的空间里释放功能，即客厅、阳台等空间真正地以独立的方式出现在家庭。上海在这一时期外销公寓设计中对廊式高层和塔式高层都进行了设计探索，为 20 世纪 80 年代后期至 90 年代繁荣的住宅设计奠定了基础。这个时期的多层住宅设计中也出现了明显的"厅"与"室"的分离，使得在五六十年代的大卧室、宿舍式的设计彻底成为历史。但是受到统一建房模式的效率限制，上海的住房供给增长始终无法跟上人口数量增长的速度，长期以来，人均住房面积始终维持在 4 平方米左右。

1978 年以前，住宅作为社会主义公有制的福利而进行分配，租金低廉到近似于无偿提供给职工。1984 年十二届三中全会确立了住宅商品化改革的方向，国家颁布《城市建设综合开发公司暂行办法》，使得房地产开发公司开始相对"自主经营""独立核算"参与到城市房地产资源的配置中，同时提出"发挥国家、地方、企业、个人四个积极性建设住宅"。住房市场进入计划和市场双轨并行的时期，单位建房有效地缓解了"知青返乡"带来的住房压力，外销住房和商品建房开始涌现，带动了住宅设计的多元化。国家大刀阔斧的改革开放率先在南方城市进行，体现了中央政府相对谨慎的态度，由于当时上海提供近六分之一的中央财政资金，"改革在上海取得成功的难度更大，风险也更高"[40]。1987 年深圳率先出让了特区的两块土地的使用权，房地产业在南方城市中迅速升温，并使得城市批租土地成为可能。1991 年国家发布《关于全面推进城镇住房制度改革的意见》，明确了住房商品化的发展目标。上海在 20 世纪 90 年代初才正式被确立为改革开放的龙头，开放资本市场和成立股票交易所带动了上海经济的腾飞。大量外资开发商涌入[41]，上海的房地产业进入蓬勃发展阶段。这十年，上海建设了超过

38 实际建成的为 1002 户。

39 朱亚新 . 住宅建筑和小面积住宅设计 [J]. 建筑学报，1962（2）.

40 ［法］白吉尔（著）. 上海史：走向现代之路 [M]. 王菊，赵念国（译）. 上海：上海社会科学院出版社，2014.

41 其中香港开发商是最主要的一股力量 .

1 亿平方米的住宅，并且完成了从福利住房为主、商品住房为辅的双轨制到完全商品住房化的转型。

20 世纪 90 年代开始的住房商品化彻底地改变了上海住房短缺的历史。与此同时，大片的历史城区在商品住房的开发中被夷为平地，至 2000 年，上海已经基本上解决了人均住房面积不足的问题。2000 年后的上海又新建了大量的住宅，市区内的高层住宅和郊区的联排式住宅成了其中最主要的供给形式。城市政府和房地产开发商在住房开发上形成联盟，而在卖地—开发—销售中所带来的巨额收益给城市空间带来了扩张的动力，高额的投资回报促使消费者也加入到了住房市场的狂欢，这使得上海政府不得不于 2011 年启动住房"限购令"。房地产商出于对商业效率的追求，几乎一致性地采取了封闭式社区和单元式住宅，而上海在 20 世纪 30 年代和 70 年代曾尝试过的廊式住宅则被完全弃用。"一梯 N 户""几室几厅"等成为住房市场的标准模式，这可能也

图 5 上海里弄住宅演变（吴文珂 绘制）

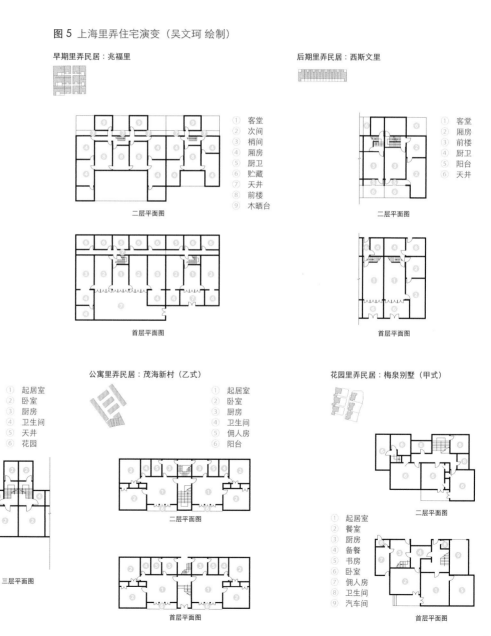

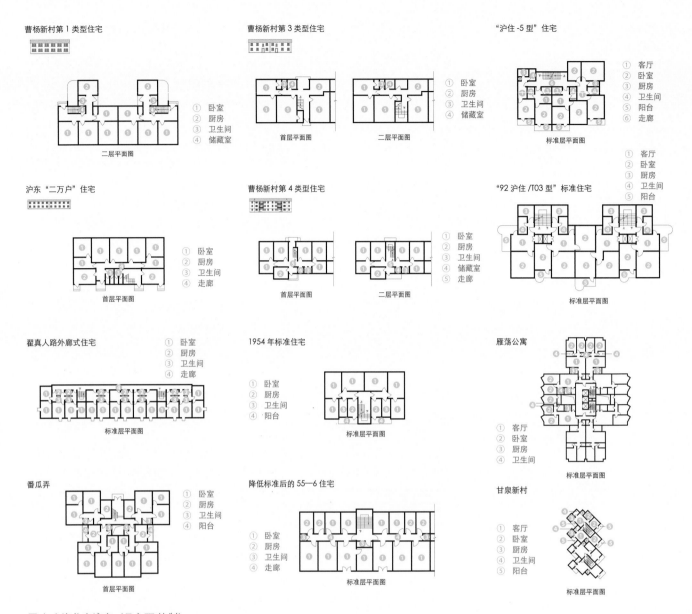

曹杨新村第1类型住宅

①卧室
②厨房
③卫生间
④储藏室

二层平面图

曹杨新村第3类型住宅

①卧室
②厨房
③卫生间
④储藏室

首层平面图　　二层平面图

"沪住-5型"住宅

①客厅
②卧室
③厨房
④卫生间
⑤阳台
⑥走廊

标准层平面图

沪东"二万户"住宅

①卧室
②厨房
③卫生间
④走廊

首层平面图

曹杨新村第4类型住宅

①卧室
②厨房
③卫生间
④储藏室
⑤走廊

首层平面图　　二层平面图

"92沪住/T03型"标准住宅

①客厅
②卧室
③厨房
④卫生间
⑤阳台

标准层平面图

翟真人路外廊式住宅

①卧室
②厨房
③卫生间
④走廊

标准层平面图

1954年标准住宅

①卧室
②厨房
③卫生间
④阳台

标准层平面图

雁荡公寓

①客厅
②卧室
③厨房
④卫生间

标准层平面图

番瓜弄

①卧室
②厨房
③卫生间
④阳台

首层平面图

降低标准后的55—6住宅

①卧室
②厨房
③卫生间
④走廊

标准层平面图

甘泉新村

①客厅
②卧室
③厨房
④卫生间
⑤阳台

标准层平面图

图6 上海住宅演变（吴文珂 绘制）

是对上个时期完全的"集体主义"的一种无意识的群体性反叛，而在野蛮增长中，住房设计则几乎沦陷在"重形式""偷面积"之中，完全服从于重商主义的表达。商品住宅在20世纪90年代至今持续的增值，使得"拆哪儿"这个词的消极意味似乎荡然无存。媒体报道也从居民"抵制拆迁""反感拆迁"变成了"期盼拆迁"，原住民在这样激进的开发中失去了原有的生活方式，但意外地获取了城市化的溢出红利，例如20世纪90年代中山公园附近被拆迁的居民可能被安置在外环附近，并以多套安置住宅的形式予以补偿，至2010年，他们会幸运地发现，现在居住的地方又变成新的重点开发区域。然而这样的疯狂增长已经渐进尾声，2016年上海正式提出建设用地零增长的口号，从现在最新的拆迁补偿政策中也能看到这样的趋势。

上海的住房供应体系经历了租赁住房、福利分房、商品住房变革，而每次的变革都进行得十分彻底。居住不仅仅是"栖居"，更是城市权利的一种象征。城市资源在每次激烈变革中被争夺和控制，如今又到了必须要回答"谁的城市"的时候。经过了又一个"激荡30年"的上海，已经经历了又一轮社会不平等的加剧过程，持续上涨的住房价格给尚未购房的年轻人带来巨大的压力，严格的户籍政策和2500万的人口控制使得城市的包容性受到挑战。城市空间生产对于过度积累资本的吸纳使得上海平稳地度过了1998年和2008年的两次金融危机，却把不确定性留给未来。增加租赁型和保障性住房的供给比例已经是必然的选择，上海需要更加合理的住房供应体系，以缓解前30年过度的资本积累和金融投机所带来的负面效应。

三、中国式实用主义

实用主义的特点在于它的真理论。它的真理论实际是一种不可知论。认识来源于经验，人们所能认识的，只限于经验，至于经验的背后还有什么东西，那是不可知的，也不必问这个问题。这个问题是没有意义的，因为无论怎么说，人们总是不能走出经验范围之外而有什么认识。要解决这个问题，还得靠经验。所谓真理，无非就是对于经验的一种解释，对于复杂的经验解释得通。如果解释得通，它就是真理，对于我们有用，即有用就是真理，忽略所谓客观的真理。

——《三松堂自序》冯友兰 [42]

很难找到比"实用主义"更能解释当代中国的词了，行动好于教条主义，经验优于僵化的原则。20世纪五六十年代的中国创造出了一种与苏联极其不同的社会主义组织方式，苏联模式被认为是集权体制下"资本主义的加强版"[43]，而中国模式则是根植于当时贫穷落后的现实，通过一个均质严整的基层网络来构建社会主义。1978年，中国选择了一条能够较少被既得利益者反对的渐进式改革之路，率先在南方城市进行计划经济到市场经济的转轨实验，在20世纪80年代末的世界社会主义阵营的集体崩塌中，中国又一次实现了相对平稳的过渡。

开埠以后的上海几经浮沉，尤其"文革"结束后，它经历了近十年的沉沦，实际上直到20世纪90年代开发浦东时才真正成为了全面改革的龙头。上海的城市景观在此之后发生了翻天覆地的变化，这不只体现在浦东的宏大尺度里，更体现在浦西坚决的"除旧建新"运动中。大量里弄街区被完全清除并被高层商办、住宅所取代，上海没有丝毫犹豫地展开了这场彻底的城市革命。住宅设计和居住区规划的基本原则大都来自计划经济时期，行列布局、小区模式大多是在集体主义框架下的一种生活单元，然而在20世纪90年代个人主义的迅速扩张中，这种模式在原本的形态中发展出了迥然不同的社会精神。在封闭小区里，行列排布的单元住宅在提供安全庇护的同时，容纳了在高密度环境中的私人领域增长。居委会也从计划经济时期的组织者变成了市场经济下的服务者。

上海在不到30年的时间内完成了从住宅严重短缺到住宅供给充裕的过渡，也几乎是在"瞬间"就成就了现在的城市形态。每个时代都有这个时代所需要解决的核心问题，中国式实用主义者更关注"有无问题"，而这一切的代价就是被"拆"掉的大片近代历史肌理。直到2000年前后回首时，原本充满中心城区的高密度肌理已所剩不多，它们迅速地作为历史风貌区而被保护起来。在这样一个充满着绅士化和消费化的保护过程中，历史街区的原真性已经没有那么重要，人们更在意瑰丽的历史片段所能够创造的舞台布景，让上海重新散发出让世界瞩目的"东方巴黎"的异彩和魅力。巨变让怀念过去

42 冯友兰. 三松堂自序 [M]. 北京：生活·读书·新知三联书店，2009.

43 集权主义下的将生产资源过度集聚于少数的"集中生产点"，从而导致了边缘地区进一步的发展停滞。

者叹息，让静止不动者犹疑，但中国式的实用主义只关注现实成就和实际成果，每一代人都只关注当下的汹涌和潮汐，不念过去，不惧未来。

当下让人找不出合适的词语来形容的现代场景看似已经与以木构为基础的中国古典建筑体系毫无关联，但其中隐隐有中华文明的一丝倒影——生生不息，即中国人似乎不热衷于空间与形式的永恒。西方建筑从希腊到罗马，从哥特到文艺复兴，再到产生现代主义建筑语言的过程可以串联成一条历史线索，然后这条线索在中国的古典建筑体系里却难以确定，因为仅就建筑形式语言来说，我们缺少清晰的变化 [44]，这可能可以归结为"大一统"和"高密度"两点原因 [45]。中华文明大一统所持续的时间和辐射的地域都非常的深远广阔，导致它始终陷于一种内生循环，并在这样的循环中抚育越来越多的人口，这是属于大国的宿命，当然也孕育出实用主义的智慧，中国似乎变成了一只巨大的鼎，将所有异质文化溶解在其中。所有文明从前现代跨入现代时，都经历了某种程度的巨大改变，只是在中国，这是一个被严重压缩的时空进程，现代中国筚路蓝缕也不过百年。中华文明在近代经历了太多的苦难和悲怆，工业化和城市化不得不同时快速进行，于是在 20 世纪五六十年代的生产资料和基础设施积累的"工业化"之后，是让所有西方国家瞠目结舌的快速"城市化"。相较于现代主义形式语言的争论，中国人更在意现代化所带来的经济方面的实质增长，从住宅建筑的角度看，空间肌理和单元平面的同质化能够迅速解决"有无问题"。我们所创造的建筑和城市空间是社会关系和技术水平的一种直接投射，如果说建筑是一部石头的史书，那么住宅建筑就是一个时代经济和社会发展程度和分配方式的诚实记录。

20 世纪 60 年代，柯布西耶在致 CIAM 第十次会议的信中写道："他们处在当今时代的中心，而唯有他们才能感觉到实际的问题，才能亲身地、深刻地意识到自己的奋斗目标、实施手段以及形势的迫切感。他们懂得这一切，而前一代的人则不懂，他们已经退出，他们不再处于形势的直接冲击之下。" [46] 当下已经解决"量"的问题，上海应当开始重新构建面向高密度大都市的居住生态系统 [47]。城市多样性的基础是人的多样性，人的多样性优先于形态的多样性，这也就可以解释在如此千篇一律的城市景观中，仍然可以形成具有差异性的城市文化。在西方学者痛斥欧洲城市虚伪的同时，他们惊奇于中国城市"地狱般的繁荣"。当下城市的多样性来自于中国快速城市化带来的空前流动性。上海这样的大都市每年都在补充新鲜的劳动力，这些新增的年轻人口能够不断丰富和提升城市的活力。但是随着全国范围的人口负增长与老龄化问题的加剧，以及整体城市化速度的显著放缓，我们不得不正视城市的多样性危机，而之前看似温和的"形态的单一性"也会转而伤害"文化的多样性"。西方大板居住区 [48] 和赫鲁晓夫楼 [49] 的核心问题并不是原功能主义的形态本身，而是缺失社会流动性后的阶层隔离，如果我们任由老公房社区衰退，高档封闭式社区扩张，这种严重不均衡的增长势必会加剧社会隔离，未来贫困人口聚居的老式高层公寓很有可能会成为中国式城市贫民窟的雏形。

同时，现有住宅供给体系对于南北通透的偏爱实质上造成了对现有土地资源的严重浪费，相对于现有的行列式布局，增加东西向住宅的比例能够显著提高用地强度，并且不会造成更加拥挤的视觉感受。城市新区开发中"低密度""宽马路"已经被无数次证明是消解城市活力的帮凶。以中国庞大的人口基数和已经被验证的城市化规律，未来中国聚居在大城市的人口数量还会增长，低密度摊大饼一定是错误的方向。正如前文所述，现代主义城市规划产生于对集聚产生的公共卫生问题的应对，但未来的发展导向绝不是反对集聚，而是通过技术手段来支撑高密度中的优质生活。人们天然的热爱多姿多彩的生活，这是大城市存在的基础，因而我们必须正视未来城市的再加密过程。

44 参见《中国建筑之特征》梁思成。"中国虽常与他族接触，但建筑之基本结构及部署之原则，仅有和缓之变迁，顺序之进展，直至最近半世纪，未受其他建筑之影响。数千年无遽变之迹，渗杂之象，一贯以其独特纯粹之木构系统。"

45 自秦代开始创立一元化统治的法家传统，中国社会便长期处于压抑私人领域的状态，中国传统社会上的"国家"由"家"为单元组成，是一个高度中央集权的社会。秦以后的统治者大多延续了这一"儒表法里"的统治手段，因而中国建筑是通过规制和等级来区分不同的"家"。因而如果按照朝代分割史料来区分，很难看到一条清晰的发展线索。同时，自秦汉至宋，人口增长的速度远超过土地开垦的速度，社会又持续在高度中央集权中循环，因而形成了"人多地少"的困局。

46 [美] 肯尼斯·弗兰姆普敦（著）.现代建筑：一部批判的历史 [M].张钦楠（译）.北京：三联书店，2004.

47 在生物学理论中，多样性是生态系统得以维持和发展的基础。

48 很多欧洲国家的郊区大板居住区都成了犯罪、暴乱等问题高发的城市地区。

49 指赫鲁晓夫当政时期修建的大量的 5 层楼高的小户型简易住宅楼，但在 20 世纪 90 年代，这些住宅被认为是难以适应现代生活的要求，并且滋生了很多社会问题，故而被大量拆除。

在过去的 30 年里，单元式住宅、行列式布局在提供更高的居住舒适度的同时，损害了城市土地的使用效率。而且上海对于建设用地的锁定无疑是正确的，但对人口数量的预估却过于保守，一方面过度驱赶低收入群体可能会导致城市发展的严重失衡，另一方面实际居住人口和政策预估人口之间的差值可能会带来基础设施和公共服务上的供给不匹配。

受制于现代全球同质化的建筑材料和技术体系，对于当下的城市来说实现富有美感的"形态的多样性"可能会很难，尤其是住宅建筑所代表的不动产必须依靠巨量资本的现实累积，而且需要以社会财富和整体审美的进一步提升为基础。"仓廪实则知礼节，衣食足则知荣辱。"当人均住宅面积已经不是基本问题的时候，整个社会都在迫切地想要改变原先粗糙的设计和建造模式，因而在建筑师张佳晶的《聊宅志异》一文中 [50]，几乎是本能地反叛："要围合，没有为什么。"无论从社会实质的内在，还是从城市形态的外在来讲，城市都需要增加租赁性住房、保障性住房，以及其他多元化的居住类型，以增强中心城区的高密度混合开发。与此同时，针对存量住宅的更新改造也势在必行，这既是对由建筑记录的城市历史的基本尊重，也是维持居住多样性的重要手段。

50 参见建筑师张佳晶的个人 BLOG. https://www.douban.com/note/213650959/

参考文献

[1] John Burnet. A Social History of Housing;1815~1985. Seconded.London : Methuen&Co.Ltd,1986.

[2] Kevin Lynch. The Image of City. The MIT Press, 1960.

[3] Rem Koolhass. Delirious New York-A Retroactive Manifesto for Manhattan. New York: Monacelli Press, 1997.

[4] Urban Intensities: Contemporary Housing Types and Territories. Peter G Rowe,Har Ye Kan. 2014

[5] [法] 白吉尔（著）. 上海史：走向现代之路 [M]. 王菊，赵念国（译）. 上海：上海社会科学出版社，2014.

[6] [美] 戴维·哈维（著）. 叛逆的城市：从拥有城市权利到城市革命 [M]. 叶齐茂（译）. 北京：商务印书馆，2014.

[7] [英] E. 罗伊斯顿. 派克编. 被遗忘的苦难：英国工业革命的人文实录 [M]. 蔡师雄，吴宜豪，庄解忧译. 福州：福建人民出版社，1983.

[8] [德] 恩斯特·卡西尔. 人论 [M]. 上海：上海译文出版社，2004.

[9] [俄] 金兹堡（著）. 风格与时代 [M]. 陈志华（译）. 西安：陕西师范大学出版社，2004.

[10] [美] 肯尼斯·弗兰姆普墩（著）. 现代建筑：一部批判的历史 [M]. 张钦楠（译）. 北京：三联书店，2004.

[11] [美] 肯尼斯·弗兰姆普敦（著）. 20 世纪建筑学的演变 [M]. 张钦楠（译）. 北京：中国建筑工业出版社，2007.

[12] [美] L. S. 斯塔夫里阿诺斯. 全球通史—1500 年以前的世界 [M]. 上海：上海社会科学院出版社，1999.

[13] [法] 勒·柯布西耶. 走向新建筑 [M]. 陈志华（译）. 西安：陕西师大出版社，2004.

[14] [俄] 列宁. 论所谓市场问题 [M].1893.

[15] [德] 沃尔特·格罗皮乌斯. 新建筑与包豪斯 [M]. 重庆：重庆大学出版社，2016.

[16] [美] 威廉·詹姆士（著）. 实用主义：一些旧思想方法的新名称 [M]. 陈羽纶，孙瑞禾（译）. 北京：商务印书馆，1997.

[17] 陈占祥. 建筑师不是描图机器 [M]. 沈阳：辽宁教育出版社，2005.

[18] 调查上海工人住屋及社会情形计略，1951.

[19] 丁桂节. 工人新村：永远的幸福生活 [D]. 同济大学，2007.

[20] 费孝通 . 江村经济：中国农民的生活 [M]. 北京：商务印书馆，2001.

[21] 冯友兰 . 三松堂自序 [M]. 北京：生活 . 读书 . 新知三联书店，2009.

[22] 侯丽，王宜兵 . 鲍立克在上海——近代中国大都市的战后规划与重建 [M]. 上海：同济大学出版社，2016

[23] 纪平 . 关于居住建筑布置方案的讨论 [J]. 建筑学报，1956 (02)：103—107.

[24] 拉尔夫·诺里斯，林龄 . 日照与城市形式 [J]. 世界建筑，1981 (04)：24—27.

[25] 李伯重 . 江南的早期工业化 1550—1850 年 [M]. 北京：中国人民大学出版社，2010.

[26] 李振宇 . 住宅 . 建筑 . 城市：柏林与上海住宅建筑发展比较 (1949—2002) [M]. 南京：东南大学出版社，2004.

[27] 李振宇 . 从住宅效率到城市效益——当代中国住宅建筑的类型学特征与转型趋势 [J]. 时代建筑，2016 (6)

[28] 李振宇，董怡嘉 . 转型期中国城市住宅的发展特点与趋势 [J]. 住宅产业，2014 (04)：16—20.

[29] 梁思成 . 我国伟大的建筑传统与遗产 [J]. 文物参考资料，1953.

[30] 刘笑盈 . 推动历史进程的工业革命 [M]. 北京：中国青年出版社，1999.

[31] 卢斌 . 围合式公寓设计策略研究 [J]. 时代建筑 . 2016 (03)

[32] 吕俊华，彼得·罗，张杰 . 中国现代城市住宅 1840—2000[M]. 北京：清华大学出版社，2002.

[33] 秦晖 . 传统十论：本土社会的制度、文化与其变革 [M]. 上海：复旦大学出版社，2004.

[34] 上海市房地产管理局 . 上海里弄民居 [M]. 北京：中国建筑工业出版社，1993.

[35] 孙施文 . 现代城市规划理论 [M]. 北京：中国建筑工业出版社，2007.

[36] 王军 . 采访本上的城市 [M]. 北京：三联书店，2008.

[37] 王孟永，王伟强 . 射入建筑的采光与日照——1830 年代至 1930 年代光照标准的演进历程与启示 [J]. 城市规划，2014 (9)．

[38] 王又佳，金秋野 . 克己之城：光辉城市中的批评立场并兼论柯布西耶的城市理念 [J]. 建筑学报，2012.

[39] 汪定曾，徐荣春 . 居住建筑规划设计中几个问题的探讨 [J]. 建筑学报，1962 (02)．

[40] 徐景猷，方润秋 . 上海沪东住宅区规划设计的研讨 [J]. 建筑学报，1958 (1)：3—11.

[41] 杨丽萍 . 从非单位到单位 [D]. 华东师范大学，2006.

[42] 杨辰 . 日常生活空间的制度化——20 世纪 50 年代上海工人新村的空间分析框架 [J]. 同济大学学报（社会科学版），2009，20 (06)：38—45.

[43] 杨之毅，蜗牛工作室 . 栖居之重 [M]. 上海：同济大学出版社，2015.

[44] 张播，赵文凯 . 国外住宅日照标准的对比研究 [J]. 城市规划，2010，34 (11)：70—74.

[45] 张播，赵文凯 . 住宅日照标准的多学科认识 [J]. 城市规划，2010，34 (12)：83—87.

[46] 张佳晶的个人 BLOG. https://www.douban.com/note/213650959/

[47] 周磊 . 西方现代集合住宅的产生与发展 [D]. 同济大学，2007.

[48] 朱剑飞 . 中国建筑 60 年（1949—2009）：历史理论研究 [M]. 北京：中国建筑工业出版社，2009.

[49] 朱亚新 . 住宅建筑和小面积住宅设计 [J]. 建筑学报，1962 (2)．

集群实践：
青浦嘉定的尾声

青浦、嘉定的建筑集群实践在上海新世纪以来的造城史上留下了浓墨重彩的一笔。正如李翔宁教授在《青浦嘉定现象与中国当代建筑》一文里写到的，"不管上海的公众是否认可这两个原本属于郊区的新城所发生的建筑实践，至少在当代中国的建筑版图和专业话语圈中，它们已经具有许多大城市都无法比拟的重要性。"[51] 青浦嘉定集群实践开始于 21 世纪初，在这里，不仅很多在国内享有极高声誉的建筑师参与实践，更有大量新锐建筑师在此成长并逐渐成熟，各自形成独立的建筑风格和建筑思想，这里面有青浦新城建设管理中心、青浦区涵碧湾花园等来自国际知名建筑师的作品，也有嘉定新城幼儿园、青浦私营企业协会办公楼等来自相对年轻的明星建筑师的作品。

青浦区和嘉定区位于上海市西部，都是中国文化里最典型的"江南"地区。两个新城刚好在冈身线两侧，分别位于历史地理学上所讲的"高乡"和"低乡"[52]。"低乡"青浦湖荡群集，"高乡"嘉定田高于河，一起诠释出在时空中更为丰富的江南。相对于上海这座已经成型的国际化大都市来说，青浦嘉定是近似于尚待开发的处女地，然而得天独厚的自然历史风貌和源远流长的历史文化传统却给这块画布带来了天然的印记。在人们的印象中，上海的市中心和郊区是风貌和气质完全不同的地方，为了拉开城市发展骨架，疏解都市中心人口，上海于新世纪初便开始了轰轰烈烈的新城计划。2001年，上海建设郊区化"一城九镇"的目标被提出之后，青浦区便被定位为"新江南水乡"，而嘉定则被定位为一座汽车产业和现代服务业相结合的综合性城市。

罗马不是一天建成的，很多时候城市是人们"集体想象"和"集体记忆"的集合[53]，时间是城市形成文化上的原真性的必要维度。快速的"造城运动"[54] 在当代中国是屡见不鲜的，而这其中文化传承断裂、人气难以速成、空间资源浪费等问题又常被人诟病。对于完全空白的基地和周边环境，建筑的场所、文脉的讨论似乎变得空洞，在完全服务于理性的现代城市规划框架内，建筑做成什么样都存在一定程度的合理性。现代城市规划的弊病或许需要大量的时间来修补，但我们还是不得不承认，青浦、嘉定是幸运的，精心筛选的建筑师确保了青浦、嘉定造城的相对高品质。面对在这两片空旷荒芜的白地，"建筑师们以一种充满根基、充满想象的方式构筑着心目中的江南"[55]，他们把自己对江南的理解投射到建筑中，在完全不同的肌理、材质和表达中诠释着不同却又相同的江南。

一、青浦嘉定实践群像

青浦嘉定集群实践推出了一批明星建筑师，2013 年外滩画报题为《十家建筑事务所，十二位建筑师——中国建筑师中坚力量》[56] 的相关报道中，柳亦春（大舍）、陈屹峰（大舍）、袁锋（创盟国际）等几位都是从青浦嘉定集群实践中开始崛起的。青浦嘉定集群实践的特殊之处在于其范围之广（两座新城）、持续时间之长（从 2002 年至今）、参与建筑师之多（从国外大师到国内青年建筑师）、创作环境之佳（政府起到了非常关键的作用），其在中国当代中青年建筑师提供肥沃的创作土壤的同时，更让他们随着青浦、嘉定的发展共同成长。在这连续性的在地实践中，锻炼出一批优秀的中国当代中青年建筑师，他们逐步形成自己的创作理念和设计哲学，并通过媒体的宣传和项目的示范作用，渐渐掌握一定的设计话语权和相关资源。

在 20 世纪以来的建筑史中，集群实践是建筑师以抱团的方式形成规模效应和引起关注的重要方式。以 1927 年"德意志制造联盟（Deutscher Werkbund）"的魏森霍夫实验住宅（Weissenhof Siedlung）为典型代表的尝试开启了建筑师抱团设计建造实验建筑的先河。17 位当时世界上最为著名和前卫的建筑师凭借着对于未来居住建筑的责任

51 李翔宁."青浦-嘉定"现象与中国当代建筑 [J].时代建筑，2012（01）：16—19.

52 谢湜.高乡与低乡——11—16世纪江南区域历史地理研究 [M].北京：生活·读书·新知三联书店，2015.

53 [以色列] 尤瓦尔·赫拉利（著）.人类简史：从动物到上帝 [M].林俊宏（译）.北京：中信出版社，2014.
[意] 阿尔多·罗西（著）.城市建筑学 [M].黄士均（译）.北京：中国建筑工业出版社，2006.

54 包括新城建设和旧城改造两类。

55 童明.从建筑到城市 关于城市文化机制的探讨 [J].时代建筑，2012（01）：10—15.

56 十家建筑事务所，十二位建筑师 中国建筑师中坚力量 [J].外滩画报，2013（6）.

表 2 中国当代集群实践项目清单

项目名称	时间	地点	业主	建筑师数量
松山湖科技产业园区	2001	东莞	东莞市政府	28
长城脚下的公社	2001—2002	北京	SOHO 中国有限公司	12
贺兰山房	2001	银川	宁夏民生房地产开发有限公司	12
九间堂	2002—2005	上海	上海证大三角洲置业有限公司	6
建川博物馆聚落	2003—2005	成都	成都建川房屋开发有限公司	25
中国国际建筑艺术实践区	2003—2005	南京	南京市浦口区人民政府	24
良渚文化村	2004	杭州	浙江万科南都房地产有限公司	20
用友软件园	2004	北京	用友软件股份有限公司	4
金华建筑艺术公园	2004	金华	金华市金东新区政府	17
运河边上的院子	2004—2006	北京	秦禾（香港）集团有限公司	7
梅沙海滨步道	2005	深圳	深圳市规划局	12
天津老城厢	2005—2008	天津	天津中新置地有限公司	5
宜兴氿北文化商业中心	2005	宜兴	宜兴市政府、上海中星集团有限公司	10
苏州天亚水景城	2005	苏州	苏州天业置业发展有限公司	6
青城山·中国当代美术馆群	2007	都江堰	都江堰市委、市政府 四川广居民生实业有限公司	9
澳底大地建筑国际计划	2007	台北	台湾捷年集团	20
于家堡中心商务区	2008	天津	天津市委、市政府	9
西溪国家湿地艺术村	2008	杭州	杭州市委、市政府	12
西岸建筑与当代艺术双年展	2013	上海	上海徐汇区区政府、上海西岸开发集团	13

和使命感，对于当时的住宅设计从平面到材料进行了一次全方位的革新并开创了"国际主义风格"。自此之后，1931 年以"我们时代的住宅"和"新的建设"为主题的建筑展在德国柏林开幕；1957 年以"明日城市"为主题的国际建筑展达到了 13 个国家 53 位建筑师的庞大规模；1987 年，在柏林的国际建筑展览会更是达到了 108 位建筑师 172 个项目的空前盛况。而在中国，大量的集群实践更接近于"时尚秀场"，其意义更多地停留在曝光度和商业价值层面，缺乏对城市问题的发现和关注，而青浦嘉定集群实践则是其中不多见的深度参与城市建设的案例。

青浦嘉定集群实践的实现除了当地政府的积极组织、设计师团体用心的付出等基本条件之外，不可忽视的一个关键性人物就是历任青浦区主管城建的副区长以及之后嘉定区区长的孙继伟博士。孙继伟是一位有着同济大学建筑学专业教育背景的学者型领导，他以极大的魄力用心选择了一批中国当代一流的中青年建筑师并制定了科学合理的建设计划，而青浦实验性建筑的探索也随着他行政职务的转换在相邻的嘉定区以相似的方式展开。甚至在 2013 年的西岸建筑与当代艺术双年展中，孙继伟博士也积极地促成了建筑师在徐汇滨江城市复兴的设计。

政府要有追求，要有理想，要对城市的品质、品位负责，对城市的未来负责。尤其是当今以政府为推动的快速城市化进程，地域城镇的探索，勉力的追求，不能仅靠个别建筑师的职业良心，必须在政府层面加以政治性的推动才有实现的可能，必须依靠强有力的工作使之成为一宗城市追求和城市理想，进而培育属于这个城市的精神寄托。

——孙继伟[57]

从运作方式来看，青浦嘉定集群实践在一开始就明确了委托设计的模式，以呈现一组高水平的中国当代建筑。传统意义上政府和建筑师之间是"甲方乙方"的关系，但在青浦嘉定集群实践中，政府呈现出"教练员""裁判员""经纪人"等多面角色，一个积极而强势的政府促进了开发商和建筑师之间的良性合作。2003 年，青浦区政府专门成立青浦新城开发建设领导小组，区长亲自挂帅的同时组建青浦新城区建设发展有限公司，为保证"新水乡古镇"的定位，降低容积率的最高限度以控制建筑的尺度感，并在土地利用率等一系列问题上综合平衡各方利益。被邀请参与青浦嘉定集群实践的建筑师既有在国内外成名已久的张永和、刘家琨、张雷等第四代建筑师[58]，也有上海本土的优秀青年

57 李武英.青浦实践：不同寻常的解读 [J]. 时代建筑，2006(04)24—25.

58 彭怒、伍江.中国建筑师的分代问题再议 [J]. 建筑学报，2002(12):6—8.

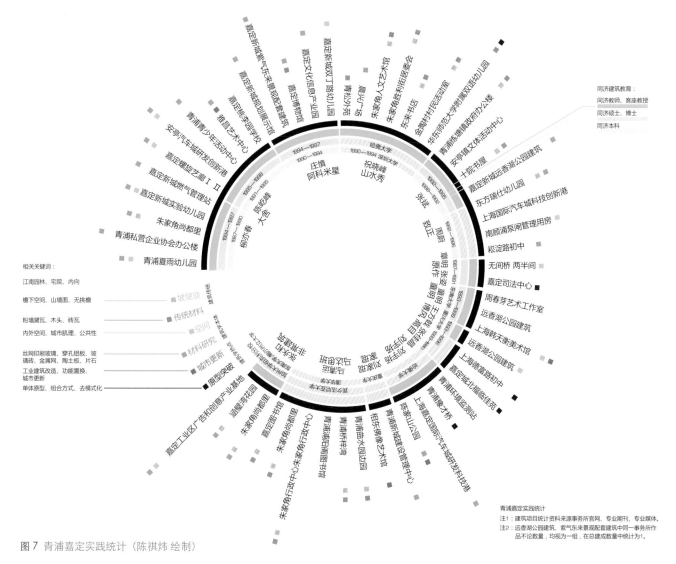

图 7 青浦嘉定实践统计（陈祺炜 绘制）

青浦嘉定实践统计
注1：建筑项目统计资料来源事务所官网、专业期刊、专业媒体。
注2：远香湖公园建筑、紫气东来景观配套建筑中同一事务所作品不论数量，均视为一组，在总建成数量中统计为1。

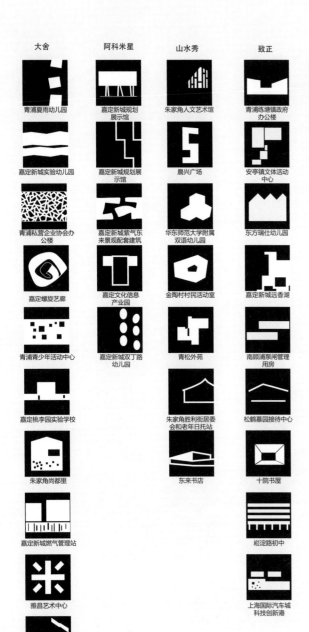

图 8 青浦嘉定实践项目简图（陈祺炜 绘制）

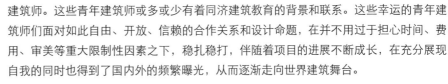

家琨	马达思班	非常建筑
青浦新城建设管理中心	青浦桥梓湾	涵璧湾花园
相东佛像艺术馆	青浦曲水园边园	朱家角尚都里
	青浦浦阳阁图书馆	嘉定工业区广告和创意产业基地
	嘉定图书馆	
	朱家角行政中心	
	朱家角尚都里	

建筑师。这些青年建筑或多或少有着同济建筑教育的背景和联系。这些幸运的青年建筑师们面对如此自由、开放、信赖的合作关系和设计命题，在并不用过于担心时间、费用、审美等重大限制性因素之下，稳扎稳打，伴随着项目的进展不断成长，在充分展现自我的同时也得到了国内外的频繁曝光，从而逐渐走向世界建筑舞台。

青浦嘉定集群实践从 2002 开始，建筑的数量和类型都非常丰富，这之中有青浦练塘镇政府办公楼这样的行政设施，也有青浦水上学校、嘉定新城幼儿园之类的文化教育类建筑，还有浦仓路步行桥这类的建筑边缘的公共设施。建筑师不约而同地从江南文化和园林空间中寻找灵感，通过"从具体到抽象再到具体"的多次转译，试图以现代的语言来讲述带有传统色彩的空间故事。虽然老城的肌理不再，场地没有留下太多关于记忆和传统的物质载体，但建筑师并没有放弃对于生活图景的追寻。庭院作为江南生活方式的载体，顺理成章地被反复多次的作为核心线索来组织空间结构。无论是马清运的嘉定图书馆、大舍的夏雨幼儿园、庄慎的文信园、张斌的青浦练塘镇政府办公楼、祝晓峰的东来书店，虽然建筑的规模大小各异，但其在形态背后反映出来的设计逻辑本质都是相似的，是一种归于平淡的、日常的、开放的、包容的、公共的、内敛的文化传统，是一种基于家的属性的安定感和归属感。而传统园林中常用到的山石水体等空间要素也在不断地给与建筑师们创作灵感和思想启迪，让他们去从中国传统的本源出发，去探寻从中国传统哲学思想中生发出的、不同于西方现代主义建筑思想的本土建筑语汇。除了空间，建筑师们在青浦、嘉定的实验建筑实践中还展现出了对于材料的积极探索。对于本土材料或是能够准确表达本土文化氛围的材料搭配，在各类建筑中被大胆的尝试和创新，无论是砖材料各类肌理的拼贴和编制来形成的图案和符号化语汇、钢木材料通过尺度、密度的节奏变化展现出的形态肌理，还是穿孔板和玻璃材料通过间距、密度、颜色的变化来模拟出烟雨江南的朦胧感，这些执着坚持、大胆前卫的创新性实验大大丰富了中国当代建筑图景中的材料语言和形态片段。

青浦嘉定集群实践的建筑作品大多于 2003—2012 年建成。《时代建筑》2012 年的专刊报道为青浦嘉定集群实践的媒体关注画上句号。而 2013 年至今，依然有很多作品在青浦嘉定建成，这是青浦嘉定集群实践的尾声。本书遴选了 2013—2018 建成的五个教育建筑新作品，分别为上海国际汽车城东方瑞仕幼儿园（致正建筑事务所）、崧淀路初中（致正建筑事务所）、华东师大附属双语幼儿园（山水秀建筑事务所）、桃李园实验学校（大舍建筑事务所）和上海德富路初中（高目建筑事务所），大舍、致正、山水秀、高目这四个建筑设计事务所的很大一部分实践是在青浦、嘉定完成的，他们也在这里不断走向成熟。

我们遴选的新作品恰好是城市公共建筑中最特殊的一类——教育建筑。教育建筑设计受到了设计规范、教学模式和财政控制等制约，由于建设周期紧张，一般 2～3 年左右就需要投入使用，因此在长久的实践中无法打破"兵营模式"（即连廊＋教室）的固有套路。对于政府或者开发商业主来说，按照标准尺寸（每间教室符合约定俗成的尺寸）和标准关系来组织是最稳妥的，而所谓的"特色"可以通过表皮和装饰来实现。尤其在上海，中小学和幼儿园教育建筑更呈现出了与这个城市气质极不相符的保守。朝向、日照等约定俗成的层层规范将设计的弹性锁死，因而在中小学和幼儿园建筑设计中，对于教学空间本质的探索和创造丰富多变的场所是非常不易的，除了对固有套路的挑战，还需要大量与代建方和专家们的斡旋和沟通工作。青浦嘉定实践的可贵之处在于，在各种规范限制的牢笼中，设计师仍然可以探寻教学空间的可能性，而这些范式大致可以总结为两类——一类是对公共空间的优化，体现为层叠和院落，一类是对教学空

表 3 青浦和嘉定营造主要项目清单（陈祺炜 整理）

作者	个数	2003—2017 在青浦嘉定作品 项目	面积（平方米）	发表次数	《建筑学报》次数	《建筑学报》刊数及题目	《时代建筑》次数	《时代建筑》刊数及题目	《世界建筑》次数	《世界建筑》刊数及题目
大舍	10	青浦夏雨幼儿园 青浦私营企业协会办公楼 嘉定新城实验幼儿园 嘉定螺旋艺廊 青浦青少年活动中心 嘉定桃李园实验学校 朱家角尚都里 嘉定新城燃气管理站 雅昌艺术中心 安亭汽车城研发创新港 D 地块 合计：124 406	6328 6745 6600 250 6612 35 700 5075 2250 18 300 36 600	14	4	20012—9 《抽象秩序与现实制约间的纠缠——论青浦青少年活动中心的设计方法》 2016—4 《限制与突围：学校幼儿园设计四人谈》 2016—4 《嘉定桃李园实验学校》 2016—6 《车间上的研发之"家"——上海国际汽车城科技创新港 D 地块设计思考》	9	2005—3 《上海青浦夏雨幼儿园》 2006—1 《设计与完成——青浦私营企业协会办公楼设计》 2006—1 《对青浦私营企业协会办公楼与夏雨幼儿园的比较阅读》 2010—4 《对话大舍——关于上海嘉定新城实验幼儿园的现场问答》 2012—1 《情境的呈现——大舍的郊区实践》 2012—1 《观游大舍嘉定螺旋艺廊的建筑之梦》 2012—4 《对话大舍——关于上海青浦青少年活动中心的讨论》 2013—1 《演进中的自我——柳亦春、张轲、陈屹峰、赵扬对谈》 2016—4 《回应与自觉——大舍新作雅昌（上海）艺术中心的多维阅读》	1	2014—3 《境物之间——评大舍建筑设计策略的演化》
阿科米星	5	嘉定新城规划展示馆 嘉定博物馆 嘉定新城紫气东来景观配套建筑（一组共5个） 嘉定文化信息产业园 嘉定新城双丁路幼儿园 合计：49 498	5983 9600 1773 24 897 7245	3	1	2014—1 《上海嘉定新城双丁路幼儿园设计》	2	2009—6 《上海嘉定新城规划展示馆》 2012—1 《上海嘉定新城紫气东来景观配套建筑设计概况》	0	
山水秀	7	朱家角人文艺术馆 晨兴广场 华东师范大学附属双语幼儿园 金陶村村民活动室 青松外苑 朱家角胜利街居委会和老年日托站 东来书店 合计：30 286	1818 188 03 6600 234 1603 502 726	6	3	2013—1 《金陶村村民活动室》 2016—4 《华东师范大学附属双语幼儿园》 2016—4 《限制与突围：学校幼儿园设计四人谈》	2	2011—4 《嵌入山水秀设计的上海青浦朱家角人文艺术馆》 2016—3 《蜂巢里的童年上海华东师范大学附属双语幼儿园》	1	2015—11 《朱家角胜利街居委会和老年人日托站》

作者	2003-2017 在青浦嘉定作品		面积（平方米）	发表次数	《建筑学报》		《时代建筑》		《世界建筑》	
	个数	项目			次数	刊数及题目	次数	刊数及题目	次数	刊数及题目
致正	8	青浦练塘镇政府办公楼	8350	14	8	2011—4《内化的江南：练塘镇政府设计手记》 2011—7《安亭镇文体活动中心设计》 2013—6《秩序与自由——十院书屋设计策略浅析》 2014—1《上海国际汽车城东方瑞仕幼儿园》 2015—3《宅园与庭院——松鹤墓园接待中心设计手记》 2016—4《限制与突围：学校幼儿园设计四人谈》	7	2010—5《风物之间，内化的江南上海青浦练塘镇政府办公楼设计策略分析》 2012—1《对话致正——关于上海安亭镇文体活动中心的问答》 2012—1《环境特质与身体感知——上海嘉定新城远香湖公园建筑设计策略》 2014—1《关于上海国际汽车城东方瑞仕幼儿园的一次对谈》 2014—3《材料背后》 2015—3《营造灵魂的居所——关于上海嘉定松鹤墓园接待中心的对谈》 2017—2《结构、构造、紧密南顾浦泵闸管理用房设计手记》	1	2014—5《上海国际汽车城东方瑞仕幼儿园》
		安亭镇文体活动中心	12 000							
		十院书屋	7021							
		嘉定新城远香湖公园建筑（1组共4个）	3603							
		东方瑞仕幼儿园	6342							
		松鹤墓园接待中心	18 055							
		崧淀路初中	981							
		上海国际汽车城科技创新港C地块	47 171							
		南顾浦泵闸管理用房								
			合计：103 523							
原作	2	嘉定司法中心	46 182.7	2	1	2012—1《开合 聚散 驻游 新城建设背景下的上海嘉定司法中心》	1	2011—10《司法建筑的去模式化——以嘉定司法中心的实践进程为例》	0	
		无间桥	415							
		两半间								
			合计：46 597.7							
童明	3	远香湖公园建筑（1组共2个）	550	3	0		2	2012—1《荷合院》 2015—6《偶发与呈现上海韩天衡美术馆的"合理的陌生感"》	1	2015-5《周春芽艺术工作室》
		周春芽艺术工作室	1460							
		上海韩天衡美术馆	11 433							
			合计：13 443							
博风	1	嘉定远香湖公园（1组共4个单体建筑）	2537	2	0		2	2012—1《公园中的建筑 上海嘉定远香湖公园内建筑设计体会》 2013—5《桂香小筑——上海嘉定新城远香湖公园中的公共厕所》	0	
			合计：2537							
高目	2	嘉定城北福临佳苑	48 000	3	1	2016—7《德富中学》	2	2012—1《千分之七的不一定》 2016—6《聊宅志异"从"22HOUSE"开始的社会住宅实践》	0	
		上海德富路初中	12 783							
			合计：60 783							

续表

作者	个数	项目	面积（平方米）	发表次数	《建筑学报》次数	刊数及题目	《时代建筑》次数	刊数及题目	《世界建筑》次数	刊数及题目
刘宇扬	4	青浦环境监测站	5000	2	0		2	2012—1《本地的外延——刘宇扬的青浦环境监测站》 2012—1《细致的公共性——青浦和嘉定的建筑实践及其公共意义》	0	
		陈家山公园"十里闻香楼"改造	850							
		青浦豫才桥	46							
		上海嘉定国际汽车城研发科技港	47 100							
		合计：52 996								
刘家琨	2	青浦新城建设管理中心	10 155	2	1	2010—4《内心丛林——上海相东佛像艺术馆设计理念》	1	2007—1《极少与极多——刘家琨设计的上海青浦新城建设管理中心》	0	
		相东佛像艺术馆	4947							
		合计：15 102								
马清运	6	青浦曲水园边园	1000	2	0		2	2005—1《传统状态中的现代策略——上海青浦曲水园边园》 2004—12《曲水园边园》	0	
		青浦浦阳阁图书馆	16 173							
		嘉定图书馆	16 000							
		朱家角行政中心	20 000							
		朱家角尚都里	14 398							
		青浦桥梓湾	57 000							
		合计：106 571								
张永和	3	涵璧湾花园	19 496	2	0		2	2011—6《极在院与墙之间——阅读非常建筑的涵璧湾花园》 2012—1《空间的实践》	0	
		朱家角尚都里	12 137							
		嘉定工业区广告和创意产业基地	123 687							
		合计：155 320								

注1：建筑项目统计资料来源于事务所官网、专业期刊、专业媒体
注2：远香湖公园建筑、紫气东来景观配套建筑中同一事务所设计不论数量，均视为一组，在总建成数量中统计为1

表4 五个青浦嘉定教育建筑新作品

作品名称	位置	设计时间	建成时间	建筑面积（平方米）	建筑设计事务所
上海嘉定国际汽车城东方瑞仕幼儿园	嘉定国际汽车城	2013		6420	致正建筑事务所
崧淀路初中	青浦新城	2011	2014	18 055	致正建筑事务所
华东师大附属双语幼儿园	嘉定安亭	2012	2015	6600	山水秀建筑事务所
桃李园实验学校	嘉定新城	2012	2015	35 688	大舍建筑事务所
上海德富路初中	嘉定新城	2010	2016	12 783	高目建筑事务所

间的重塑，体现为教室尺度和形式。在建筑师的努力下，这两类范式或取其一，或综合，形成了相对丰富多样的教育建筑，而这其中在规范、预算、土地等种种限制下的突破更值得研究。

公共区域——层叠和庭院的运用：层叠和庭院是来自江南传统园林和宅院的设计手法，在青浦嘉定的教育建筑中被转译、运用和尝试，这也是建筑师在现有规范下努力做出更富于变化和更适于学生成长的探索。

（1）层叠：在之前的"兵营模式"的学校中，教学楼之间的室外场地很多时候仅仅是为了满足日照规范和噪声间距而存在的，这样的公共空间能相对有效地被利用。在青浦嘉定的教育建筑中，建筑师们不约而同地将公共空间在垂直方向上拓展，并且在其中界定了纯室外空间和灰空间，使校园建筑的公共空间具有了多样性和层次性。这种手法类似于城市综合体中"共享空间＋塔楼"的设计，将集体活动和日常教学的行为在垂直方向进行分区，能够在保证趣味和交往的基础上，维护教学环境的安静。

（2）庭院：庭院是江南建筑语境中非常常见的元素，也是极其东方的空间，能够营造出被包围和呵护的公共空间，但是由于规范的限制，在教育建筑中实现庭院需要突破僵化的评图和审图机制。内向式的庭院能够回应教学分班、功能分区的问题，但在一定程度上割裂了不同"庭院"之间的交流。

教室空间——尺度和形式的重塑：教育建筑的设计往往会受到约定俗成的"教室标准尺寸"的限制，对教室尺度和形式的重新设计则在一定程度上碰撞"边界"，以创造新型教学模式的最有利条件。华东师大附属双语幼儿园的六边形教室、德富路初中的正方形教室、东方瑞仕幼儿园的屋顶都对现有的标准模式进行了突破，即使在桃李园实验学校的设计中，大舍也试图通过厚板结构或者结构梁的位置与灯具、吊扇的关系以及窗户的位置来获得比较好的教室空间质量，以增加教学互动的可能性。

在这五个作品中（表4），我们能看到"庭院"这个江南的元素被所有建筑师以各种方式转译，无论是"六角形""田字形"，还是相对规整的"长方形"，这或许是在失去背景的建造中抓住的一缕"地域主义"的稻草，又或许是对行列式布局套路的直接抵抗。在这五个作品中，我们能感受到建筑师在各种条条框框下的挣扎和无奈，形式、色彩、结构等种种努力都是在试图创造出更高质量的教育空间，尤其是嘉定区德富路初中的诞生，简直是建筑师为完成实践的一部斗争史。遗憾的是，尽管青年建筑师们在快速设计建造、低下的施工质量和并不人性化的规范中不断地调整策略，选择了相对恰当的表达方式，这些建筑的呈现仍然充满着中国特色的"粗糙"，而由于建筑师在设计的全程都未能够与校长、老师和学生群体进行对话，在其中对于"教育建筑真正使用者"的关怀也难以充分表达，因此，难以创造令人愉悦的校园空间体验。

在过去的很长时间里，中国青年建筑师的"低技"策略被屡屡褒奖和谅解，他们用实验性的作品抵抗资本、规范和权威，这些作品可能在全球话语中并不那么先锋，但是在中国特定的环境下还是难能可贵的。大多数实践都发生在城市郊区和乡村，这里天然地避开了众多矛盾和冲突，尤其是在青浦嘉定集群实践中，极其温和的甲乙方关系给予了青年建筑师们极好的成长环境。然而，距离青浦和嘉定集群实践开始已经15年了，我们期待真正的成长。即使是温室中的花朵也终有面对风霜的一天，当这些青年建筑师们回到城市，对于场所和概念深化的创新能力，对于材料和构造的理解和运用，对于供应商和施工方等资源的掌控将会是他们真正需要依赖的武器，以在复杂的竞争中找到属于中国青年建筑师的位置。

回首这组最后的教育建筑群像，在浓烈色彩下面，崧淀路初中粗糙的表皮似乎在讲述着其中的无奈和挣扎，德富路初中粗糙的外表传递出 20 世纪的反叛摇滚情绪，而大舍也在桃李园实验学校的纯白中留下一个孤傲的背影，转身走进了它的新篇章。

二、后实验建筑

在西方现代建筑体系中，"先锋性"是无法绕开的一个词。每一个时间段，建筑师们对于当下既成现状的批判和革新总是促生出一些先锋的、前卫的建筑潮流。恰如学界对于先锋派的概念有着历史学和词源学的不同，建筑和先锋派也存在着两种不同的理解。从历史学层面来看，"建筑以文化活动的一种特定形式加入到先锋运动中，历史先锋派中的意大利未来主义、德国表现主义、苏俄先锋派以及荷兰风格派的实践中都有属于建筑的一块或大或小的区域。"[59] 在这段历史中，以威廉·莫里斯（William.Morris）为代表人物的"工艺美术运动"倡导重建手工艺的价值并将建筑实践和先锋派运动融为一体。对于这种理解，先锋派建筑思想因为历史语境下的艺术思潮和相关行业的时代变革而被动地获取影响，通过建筑师个人的转译和变通实现在建筑领域的先锋。西方先锋建筑确实在评判性上有着悠久的历史传承。"批判"这一名词最早源于希腊语 Krinein，哲学家康德 (Immanuel Kant) 以及皮拉内西 (Piranesi) 等都对于城市和建筑有过相关的批判性评价。之后意大利建筑理论家塔夫里（Mafredo Tafuri）首次将先锋派的理论引入了建筑领域，完成了兼具敏锐视角和批判力量的《走向建筑意识形态批判》。国外先锋建筑和相关理论始终呈现出一种并荣的局面，每当建筑事件出现的同时，相关的理论也会不落下风的跟上，理论为实践提供批判性的指导，而先锋的建筑理论反过来也会催生关联性的思想在实践领域的创新和实践。在这种语境下，先锋性或实验性和落地性的实践形成了一种良性的循环机制，在否定之否定的曲折过程中最终实现现代建筑的跨越式发展。

中国当代的"先锋性"成长于一片尴尬的土壤，20 世纪前期，中国建筑师在东学西渐中逐渐发展出混杂着国际风格和民族形式的现代主义；20 世纪中期，苏联式的社会主义现代主义成为主流；20 世纪后期，西方建筑思想的引进带来了现代主义和后现代主义的思潮。传统与现代、东方和西方、现代主义与后现代主义、建构和解构，这些本不该同时出现的概念呼啸而来，冲击之后是持续性的迷茫和焦虑。在 20 世纪后期主流的集体设计和商业主义的氛围中，与西方的先锋性和关于先锋的批判性相对应的是中国的"实验建筑"概念。根据维基百科的解释，"实验是在科学研究中，在设定的条件下，用来检验某种假设，或者验证或质疑某种已经存在的理论而进行的操作。"[60] 实验这一名称本身包含着控制下的尝试这一革命性、创新性的内在属性，同时其研究性质的属性带来的不确定结果也是其区别于主流成熟经验化生产的主要不同。因此将"实验"和"建筑"两个名词进行组合，不仅仅等于一种单一的、可被明确定义的建筑类型或者风格流派，而是为了研究方便或者对于广泛意义上区别于成熟建筑产品的一种统称。

1993 年被认为是中国"实验建筑"的元年，这得益于制度改革和经济爆发。《私营设计事务所试点办法》的颁布，使上海、广州、深圳成为举国瞩目下的三块试验田。张永和、王澍、马清运等一批"实验建筑师"开始了最早的先锋性实践，并完成了深圳南油文化广场、席殊书屋、禅苑休闲营地等一系列作品。1999 年 6 月 22 日，"中国青年建筑师实验性作品展"在第 20 届国际建筑师协会（UIA）大会展出，张永和、王澍、刘家琨、汤桦、赵冰、董豫赣、朱文一、徐卫国这八位建筑师共同代表中国展出其"实验建筑"作品。2001 年，"中国房子"建筑五人展和"土木"在上海和柏林分别开幕，

59 胡恒，王群 . 何为先锋派——先锋派简史 [J].时代建筑，2003（05）20——27.

60 参见维基百科的"实验"词条。https://zh.wikipedia.org/wiki/ 实验。

61 彭怒，支文军．中国当代实验性建筑的拼图——从理论话语到实践策略 [J]．时代建筑，2002（05）：20—25.

62 王明贤．如何看待中国建筑的实验性——上海双年展杂感 [J]．时代建筑，2003（01）：42—45.

63 史建．当代建筑及其趋向——近十年中国建筑的一种描述 [J]．城市建，2010（12）：11—14.

64 李翔宁．"青浦·嘉定"现象与中国当代建筑 [J]．时代建筑，2012（01）：16—19.

65 [荷] 亚历山大·楚尼斯，利亚纳·勒费夫尔．批判性地域主义——全球化世界中的建筑及其特性 [M]．北京：中国建筑工业出版社，2007．芒福德认为地域主义与"现代"本应是同义词。1）芒福德的地域主义脱离了其旧有的形式。他拒绝绝对的历史决定论。2）涉及到"回归自然"——传统地域主义的另一主题，芒福德伪旧没有固步自封。他反对如画的、纯粹美学上和精神上以个人口味对景观的享受。尽管他很热爱这片土地。但对他来说，地域主义不仅限于场所的精神，还应是"一个可以让人碰触的、产生回忆的地方"。在这方面，他继续了卢梭主义者对于自然的热爱。3）另外一方面，他的生态学观点并非是对一切机器文明下意识地反抗。他赞成使用当时最先进的技术。只要它在功能上是合理的和可接受的。事实上，芒福德是以一种高度赞赏的态度来思考工业化和机械化的新文明的。4）芒福德对传统地域主义的另一个新的改进，是他对于"人类社会群体"的定义，芒福德赞成社区应该是"多文化并存"。在他的《夏威夷报告》中，就突出地表现了这种观点。5）最后一点。芒福德并没有把"当地的"和"普遍的"——即是我们今天所说"地域的"与"全球的"——两种观念相互对立起来。他并没有或者是并没有完全把地域主义视为一种抵抗全球化的工具，而是在它们之间建构一种微妙的平衡。

66 [法] 利科．历史与真理 [M]．上海：上海译文出版社，2004.

标志着"实验建筑"开始以群体的形式进入国际舞台。2002 年，《时代建筑》05 期推出"实验建筑"专刊，其中《中国当代实验性建筑的拼图——从理论话语到实践策略》一文指出："当前的中国实验性建筑的主流实践，是缺失了本质性内容的现代主义以及商业主义和各种西方建筑新思潮的混合。"[61]

1993—2002 年是属于"实验建筑"的十年，其基本工具包括两点，一是求真——即回归"空间"和"建造"的本质，二是求源——即对本土文化精神的挖掘，这是继 20 世纪 20 年代国际样式的现代主义和 20 世纪 50 年代社会主义的现代主义之后的又一次对中国的现代主义探索。然而，很多学者认为中国的"实验建筑"并不具备"先锋性"，更多的是考虑到"实验建筑"对于主流建筑思想和建筑创作的影响不足，"他们更像是走在中国建筑群体主流的旁边而不是前面"，伍江如是说[62]。史建在《当代建筑及其趋向——近十年中国建筑的一种描述》中认为，2003 年 12 月 14 日的"非常建筑"的十年回顾标志着"实验建筑"的终结[63]。我们无意追溯"实验建筑"十年中具体的得失，然而在 2003 年之后，中国的"实验建筑"实践的背景发生了翻天覆地的变化，我们称之为"后实验建筑"时期。

如果说 1992—2003 年的实验建筑师的创作语境是大院体制和商业主义，2003 年之后创作语境进入了甚至无法用以上词语简单概括的阶段。一方面中国城市化进程的加速创造了海量建筑市场，另一方面加入 WTO 之后国际建筑师开始广泛的开始来中国淘金。两方面的叠加形成了一个新的十年，这是中国成为世界最大的工地的十年，是变成全球建筑师试场的十年，也是本土建筑师从"先锋"转向"退守"的十年，而青浦嘉定集群实践正是发生在这十年。继上一代建筑师试图通过基本的空间、结构、材料来有意识地建构中国的现代主义之后，这一代建筑师所需要抵抗的是更加复杂和多元的环境，而他们似乎无力对抗这些冲击。在 2003—2013 的新的十年里，中国的建筑实践远远多于建筑思想，对于建筑量的迫切需求致使建筑思考完全淹没在"拆旧"和"造新"的洪流中，建筑的形式服从求洋、求新、求异、求大的审美，大量的施工粗糙、风格多元的建筑被建造并重塑了中国城市的景观。

而在这样的找不到"此时此地"的时代背景下，"地域主义"成了本土建筑师最重要的，甚至是唯一的思想工具，他们在东南西北不同地理概念中的中国坚持对"地域主义"的探索。城市已经沦陷，而他们所固守的可能只剩下乡村和田野，青浦嘉定集群实践正是其中来自"海派"建筑师的一股重要力量。《青浦嘉定现象与我国当代建筑》一文在总结了青浦嘉定集群实践的作品之后，提出了他们在材料、语言、手法等方面的相似之处[64]，而这个相似之处则是对"江南"概念的转译和思考，青浦嘉定集群实践在对于基本的空间、建构上的贡献相对较弱，主要反映了快速城镇化和全球化进程中对于"地域主义"的呼吁，这可能也是青浦嘉定集群实践在学术上的最大价值。

《批判性地域主义——全球化世界中的建筑及其特性》一书介绍了芒福德的批判性地域主义的观点，主要包括拒绝绝对的历史决定论、强调"回归自然"、赞成使用合理的先进技术、支持"多文化并存"的社区、构建"地域的"和"全球的"之间的微妙平衡[65]。其中最重要的理论即是构建本土文化和普遍文化之间的平衡，然而正如 P. 里柯在《历史与真理》中所写的："但是为了参与现代文明，又必须同吸收科学、技术和政治理性，而它们往往要求对整个文化过去作纯粹和简单的弃。事实是：所有文化都难以承受和吸收现代文明的冲击。这就是悖论：如何成为现代，又回到源泉，如何又复兴一种古老的、沉睡的文明，又参与全球的文明。"[66] 全球化对于地方文化的入侵往往是以资本和技术为媒介，而在大都市中的土地投机者和官僚主义者更容易受到普遍的生产形式的影响，这也是我们在上海寸土寸金的中心城区很难看到如青浦嘉定这般"地域主义"建筑的原因。

青浦嘉定集群实践中，很多作品都创造性地借助于外界的材料、思想、风格，来呈现优化了的地域文化。大舍建筑事务所的青浦夏雨幼儿园设计将马蒂斯《静物与橙》的形式和江南园林空间融合，共同的内向特征、对于模糊边界的消解、封闭和开敞的关系、必不可少的围墙、分散的个体建筑形态在维持"江南"特性的同时，还与大尺度场地语境相关联。致正建筑工作室的青浦练塘镇政府办公楼设计通过对江南传统的生活图景的转译以及价值取向的提炼，创造出不同于以往的基于庭院组织的政府办公建筑新形式，局部架空、连续立面上的开口、错位的檐廊、明暗空间的转折、民居尺度的庭院以及粉墙黛瓦、灰砖花格的材料呈现，共同指向江南文明中庭院生活的再现。山水秀建筑事务所的朱家角人文艺术馆通过叙事性的建筑组织、片段化的景观园林手法、呈现和隐匿的权衡，营造了一种极其地域化的空间体验，但在隐藏于社区中的朱家角胜利街居委会和老年日托站设计中，山水秀建筑事务所放弃了现代主义手法、结构形式和节点构造，充分尊重了当地的传统，建筑做法基本参照姚承祖的《营造法原》并摒弃了非功能性的装饰构件，仅在山墙等位置通过材料变化来凸显建筑的公共属性，使这幢建筑与周边粉墙黛瓦的民居一起既和谐又特别。阿科米星的嘉定文化信息产业园一期建筑设计中采取了悬挂庭院来解放地面空间，材料上钢结构和双层金属网在营造朦胧感的光影和意境的同时，满足了施工和造价控制的要求。

但是快速的造城运动带来的是急速变化、冲击、碰撞，总的来说，青浦嘉定集群实践所面临的是一个"非场所"的场地。在这里，建筑设计只能跟他们意识想象中的"江南"概念和纯粹理性主义的城市规划来进行对话，而完全脱离了即将生活在这里的人们。同时，"江南"这个概念被抽象为"水乡""庭院"和"园林"等元素，而丧失了其复杂的社会历史过程。作为地理概念的"江南"是中国相当长历史时期内最富庶的地区，也是近代史上的经济和社会变革最先内在勃发的地区，与被推土机简单消灭的场所肌理同时被消灭的，还有这片土地上丰富的文脉遗存。青浦嘉定集群实践中的一些作品在退守"地域性"之后对场所再度丢失，这可能是整个青浦嘉定实践中最大的遗憾。

青浦、嘉定的集群建筑实践有一个浓烈的开头，然而结尾却略显沧桑。作为典型的中国新城建筑案例，青浦和嘉定还是幸运的，在21世纪初的"一城九镇"中，媚俗化且标签式的形式风格被认为是能够迎合大众审美，继而能够疏解城市人口的设计策略（"一城"是英国小城松江、"九镇"包括意大利小镇浦江、西班牙小镇奉城、加拿大小镇枫泾、德国小镇安亭、美国小镇陈家镇、荷兰小镇高桥、北欧小镇罗店、欧美小镇周浦等），而朱家角则是其中唯一一个江南水乡风格的小镇，这无意中创造了青浦嘉定集群实践中文化退守的可能性。然而建筑设计上的坚持却无法消解城市空间中的场所缺失，再造的"江南"文化却无法如它所模拟的江南水乡那样热闹而富有生气。这可能是大都市中新城规划的悖论，一方面城市中急剧的人口增加倒逼新城建设，甚至是过量的居住建筑、基础设施和公共建筑建设，以疏解大都市中心的人口；另一方面，短时间速成的城市是建立在非人性、非场所的基础上，难逃"卧城""空城""死城"的阵痛期。

在实地走访中，我们发现了部分实验性建筑作品或衰败或废弃，致正建筑事务所的探香阁如今堆满了建筑垃圾，建筑内部至今依然是毛坯状态，让人不敢相信这座建筑曾是被用来作水边茶室的，只有那五个灵动的体量似乎还讲述着曾经的故事；和嘉定图书馆一路之隔的东来书店并没有因为临街而逃过被遗弃的厄运，至今仍然一直大门紧锁，曾经白色的墙面因为雨水的缘故已经变成了灰色，那种江南园林的诗意空间飘摇在风雨中荡然无存。远香湖建筑的衰败只是中国新城建设中一个小小的缩影，致正建筑事务所这样评价开始的远香湖项目："这是一个典型的中国式新城项目。公园内几十公顷的土地肌理基本都需要被重塑，所谓场地只有意图，没有任何实在线索，好像建筑放在哪里都差不多；所谓功能也只是愿景，没有适合的实际承诺，似乎建筑师只需要做一个炫目的壳子，里面最好就是万用万灵的通用空间"[67]。相比于一些建筑建成后因为功能置换等问题而改变了原有设计所造成的遗憾，远香湖的惨案显得更令人痛心，其暴露出整个社会机制在公共项目建成之后监管和运营问题。

这是城市快速扩张所带来的必然代价，以功能主义为核心的二维平面分区和为单一功能而设计的建筑消解掉的是城市的多样性和生命力。在消极的城市环境中，建筑设计的抵抗是如此的无力。基于假设性的伪需求的建筑从诞生之初就预设了其悲剧的结局，被抛弃也是必然的。塑造城市的永远不是建筑和空间，而是人类文明本身，青浦、嘉定的急速造城还需要时间来进行修复，也需要更加细致的工作，或许在下一个十年，我们能期待一个更具活力和生命力的新江南水乡。

三、"断裂"重生

作为一种"建筑技术和艺术"的形式和体系来说，"中国建筑"相继相承地发展到了19世纪末期后，遇到了西方文化、技术的冲击，就开始面临前无去路，不知何去何从的局面了。假如，现代的科学和技术以及工业在中国社会的诞生，新旧之间的交替虽然同样产生一场斗争，但是问题就简单很多，因为这是一种生产技术发展的必然。而且，通过本身的努力而创造出来的新事物，因为它是整个社会和全体人民培育出来的成果，人民就会为此而骄傲和自豪，珍惜它的意义，产生特别的感情。

——《华夏意匠》[68]

"传统"二字拆解来看，"传"是历史延承，"统"是关系连续，在历史和关系的意义上，当代中国建筑学已经几乎丢失了"传统"。20世纪是一个文明断裂的世纪[69]，伴随着反抗殖民主义、维护民族独立的思潮汹涌，几乎所有的第三世界国家都在探索属于本民族的建筑语言。20世纪前叶对于中国现代建筑的探索尤为关键，以梁思成、刘敦桢等为代表的中国第一代建筑学者在带有强烈屈辱感的民族自觉的驱动下[70]，试图拨开隐藏在古典"中国"建筑和现代"西方"建筑之间的迷雾，建立在结构方式等方面关联中国建筑"旧"与"新"的基础框架[71]。这实质上是对中华文明与世界文明之间关系的探索，而建筑只是汹涌思潮中的一种表达，梁思成先生在《我国伟大的建筑传统和遗产》中写到"而我们的中华文化则血脉相承，蓬勃地滋长发展，四千余年，一气呵成"[72]。这是中华文明奄奄一息之际的呐喊。从文明的视角看，公元前5世纪前后，古中国、古希腊、古印度几乎在同一时期创造了人类文化的历史性突破，即轴心时代；之后全球进入帝国时代[73]，全球范围内分成东方的秦汉帝国和西方的罗马帝国；5世纪之后，西方的罗马帝国灭亡，欧洲进入漫长的中世纪，而中华文明在此时走向了全盛期——唐朝；文艺复兴和启蒙运动后，西方文明开始觉醒并发育成强势并具有侵略性的文明，而中华文明在明清之后逐步衰落，至19世纪甚至出现了亡国灭种的危机。在全球文明的发展轨迹上看"西方"建筑的轨迹，可以看到从古希腊—罗马—哥特—文艺复兴这条主线，但这条主线所发生的场所和背景却在不断地变换，而中国建筑轨迹则和文明轨迹一样"一气呵成"。

67　张斌，周蔚.环境特质与身体感知——上海嘉定新城远香湖公园建筑设计策略[J].时代建筑，2012（01）：76—81.

68　李允鉌.华夏意匠—中国古典建筑原理分析[M].天津：天津大学出版社，2014.

69　[美]安东尼·滕（Anthony M. Tung）.世界伟大城市的保护：历史大都会的毁灭与重建[M].北京：清华大学出版社，2014.我发现整个20世纪，不仅仅是现代文明摧毁了前世留下的大多数建筑结构，在我们和过去之间挖掘了一条宽宽的鸿沟，而且更糟的是，在每一个大陆，我们都采用了一种毁灭性的文化，这预示着我们将丢失更多。

70　赵辰.'立面'的误会[M].北京：三联书店，2007."李约瑟的研究是在借用'梁刘体系'的基础之上，才在体系上有很大的突破，今天我们能见到的大部分研究在整体上都属于'梁刘体系'或'李约瑟体系'或者是在两者之间。"

71　参见《建筑设计参考图集》"对于新建筑有真正认识的人，都应该知道现代最新的构架法，与中国固有建筑的构架法，所用材料虽不同，基本原则却一样——都是先立骨架，次加墙壁的。因为原则的相同，"国际式'建筑有许多部分便酷似中国（或东方）形式。这并不是他们故意抄袭我们的形式，乃因结构使然。同时我们若是回顾到我们的古代遗物，它们的每一部分莫不是内部结构坦率的表现，正合乎今日建筑设计人所崇尚的途径。这样两种不同时代不同文化的艺术，竟融洽相类似，在文化史研究上是有趣的现象；这正该是中国建筑因新科学，材料结构，而又强旺重生时期，值得很多建筑家注意。"梁思成，刘致平.建筑设计参考图集[M].北平：中国营造学社，1936.

72　梁思成.我国伟大的建筑传统与遗产[J].文物参考资料，1953.

73　此时印度文明、伊斯兰文明等因为连绵战争和王朝更迭而逐渐衰落。

回顾 20 世纪前叶的中国建筑，除了以上对"现代"中华文明的世界观探索之外，主流的方法论则包括现代主义和民族主义两个方面，两者时而交错、时而冲突、时而平行，这也是在实践中最困惑中国早期建筑师的地方，"如何在中国创造一栋大楼，它的设计和建造都采用国外的方法，但外观却要地道，这个问题一直困扰着中国建筑师"[74]。这一时期具有强烈的民族主义风格和去民族主义风格的现代建筑都大量出现，在上海也有丰富的遗存。总的说来，在这些实践中，传统元素更多的只是起到形式和装饰的作用。现代主义建筑是一种真正意义上的国际形式，它形成于技术和材料的进步，这是一种"充分条件"革命，势必会在全球范围内形成彻底的建筑颠覆。然而不可否认的是，现代主义建筑是一种伴随着殖民和侵略的西方世界的输出过程，对于被殖民的国家和地区是一个被动接受的过程[75]，这也是这一时期民族主义和现代主义争论的关键原因。正如"为什么工业革命没有在中国发生"的李约瑟难题一样，我们也很难想象，如果没有被动接受西方文明，中国是否能够产生出自己的现代主义建筑，又或者说，在全球"文明对话"的大背景下，中国的现代主义建筑应当是什么样的？这可能是一道横在几代中国建筑师面前的终极命题，路漫漫其修远兮。

20 世纪中叶是形成本民族的现代建筑语言的关键时期，事实上巴西、印度、伊朗、墨西哥等很多第三世界国家都有非常优秀的地域主义作品，如尼迈耶的联邦司法和公共安全部、外交部办公楼，巴拉甘的克里斯特博马厩与别墅、住宅与工作室等建筑都体现出迥异的现代建筑话语。然而中国则历史性地错过了这样一个关键时期，在政治影响下的集体设计和折中手法严重地打击了 20 世纪 50 至 70 年代的建筑创作。"建筑师突然意识到，建筑的形式表现与政治内容之间的联系恐怕根本就是任意无常的，谁还会再坚持任何清晰的建筑信念，谁还会努力构筑任何建筑学与政治间的有机联系？唯有犬儒主义、机会主义和形式折中主义才是安全策略。"[76] 这一时期的民族主义衍生出多种形式，但就其现代性实质来看，还是一种折中主义，其中既有"原功能主义"的简陋，也有"政治表现主义"的浮夸。同时，不仅是建筑理论和实践研究，几乎整个人文社科领域都经历了近 30 年的失声期，即我们未能在这一时期建立起中国的现代建筑体系。

压抑过后的文化艺术领域的爆发首先体现在美术领域，85 艺术思潮[77] 便是其中的典型代表，继而文学、音乐、电影、戏剧等其他艺术领域都受到影响。文化艺术的繁荣使得建筑领域也开始对"大屋顶""民族形式""宏大叙事"开始动摇和反叛。相比于其他文化艺术类型，建筑领域由于更容易受到社会现实的限制而稍稍滞后。在中国的现代主义建筑探索上近 30 年的断层，以及全球化和商品经济的冲击下，中国建筑在猛醒之际很难一下子建立一套理性、本土的批判评价标准。当代的建筑师不再如先辈们一般挣扎于亡国灭种的"屈辱"和"痛苦"之中，20 世纪 90 年代之后经过了两代人的努力[78]，本土建筑师们形成了一些地方性的实践成果，我们依稀可以寻找到他们试图建构中国现代建筑体系的蛛丝马迹。他们的实践主要体现在两大方面，第一是回到现代建筑的原点，用实验性的思考去追寻现代建筑的建构体系中最质朴和基本的那些东西；第二是打破民族主义对于"中国性"的标签化、刻板化、政治化理解，体现出更多的地域和时代价值，其中包括对田野、乡土、民居建筑的学习和记录，也包括对当代都市问题的回应和反思。尽管我们已经错过了建立中国现代建筑体系的最佳时期，但在大量当代碎片化的实践中，依然能够看到星火微芒。

很多时候，我们把"中国性"和"地域性"看成是同一内涵，因而在思考中丧失了大量有意义的细节，这可能是造成人们对中国现代建筑体系误解的原因，为了更好地阐释这个问题，我们将"中国性"和"地域性"拆解开来进行讨论。

74 童寯 . 童寯文集 [M]. 北京 : 中国建筑工业出版社，2006.

75 郑时龄 . 全球化影响下的中国城市与建筑 [J]. 建筑学报，2003（02）：7—10.

76 朱涛 . 梁思成与他的时代 [M]. 桂林 : 广西师范大学出版社，2014. 朱涛在《梁思成与他的时代》中提出，1957 年的反右，再加上 1966—1976 年的"文革"，将建筑学极端地政治化，并导致了中国建筑师的极端去政治化。建筑风格从此仅仅沦为手法而已。

77 指 20 世纪 80 年代中期中国大陆出现的一种以现代主义为特征的美术运动。当时年轻的艺术家不满于美术界的左倾路线，试图从西方现代艺术中寻找新的血液，从而引发的全国范围内的艺术新潮。

78 根据彭怒的《中国建筑师的分代问题再议》，张永和、王澍等 1978 年接受高等教育的人是第四代建筑师，根据李翔宁的《权宜建筑——青年建筑师与中国策略》，柳亦春、张斌、董功、华黎等是第五代建筑师。彭怒，伍江 . 中国建筑师的分代问题再议 [J]. 建筑学报，2002(12):6-8. 李翔宁 . 权宜建筑——青年建筑师与中国策略 [J]. 时代建筑，2005（06）：18—23.

首先，第一个关键词是"中国性"。站在全球文明的角度看待"中国性"，我们必须承认现代建筑的"充分条件"革命对于世界范围内古典建筑体系的共同颠覆，而这种革命是人类发展的一种必然趋势。在世界史开始之前[79]，受自然地理分隔和交通条件限制，东方文明和西方文明长期处于分离状态，因而各自产生出迥异的文化体系和亚文化体系[80]。在地形地貌、气候环境、风土人情、社会制度等的影响下，不同地域不同文明形成了迥异的建筑形式和建构方式。现代主义建筑的诞生与全球化同步，虽然其中既有"文明冲突"的成分，也有"文明对话"的成分，但总的趋势是全球范围内不同文明从不同支流汇至主流并奔向大海[81]。正如百年之前的中国第一代建筑师那样，我们依然怅怀过去，因为我们脚下的土地是一种重要文明的母体。如果我们需要深刻地洞察未来，那必须要审慎地认知历史。中国建筑的最基础构成是庭院，这和我们的社会组织形式息息相关，在中华文明的概念里，"国家"是由无数的"家"构成的"国"（紫禁城不过是一个巨大华丽的四合院），建筑布局与社会结构一脉相承，中央集群制度使得国家管治可以深入到每一个基础单元，这是我们的建筑美学和规划哲学的基础。从规划的角度看，古代城市的四方形布局开始于"周礼"，绵延千年，历经数朝，甚至影响到古代北京城的规划设计。中央集权制度能够调动的巨大资源，使得帝国的都城能够像一个宏伟美丽的艺术品般被建造，也最终成为人类文明史上无法复制的杰作。从建筑的角度看，木构建筑的标准化、模数化、预制化是先辈匠人们建筑"工程"创造，而在建筑装饰、园林艺术等方面展现出来的审美趣味，则是中国古典建筑"艺术"的结晶，建筑的"工程"和"艺术"属性的完美统一，是祖先留下来的宝贵财富。"中华文明"关注人与人的关系，而"西方文明"[82]则关注人与物的关系，这是我们的建筑文化差异在哲学观上的本质。因而在"文明冲突"的视角看，中国不依赖于西方，在"文明对话"的视角看，中国与西方是平等的，且相互需要。

人类进入现代之后，轰轰烈烈的工业化和城市化进程开始了，我们失去了农耕时代形成"国"与"家"关联的人地关系和社会组织。古老文明在流经城市时代时应当奏响完全不同的乐章，这需要建筑师们用自己的想象力去续写。对于中国来说，这种巨大的撕裂本质上是对社会组织的重构，因而笔者认为"中华文明"的现代新生可能不会局限于"工程"视角对古典结构和材料的再利用，因为那已经是前现代的历史硕果，并且更有可能成为在"艺术"视角焕发审美趣味的新的生机。这是一个非常具有现代性的命题，因为毕竟我们是唯一一个在当代还会诵读两千年前的诗歌的民族，"中华文明"数千年的延续使得我们在文字、艺术、审美上超越了时代。例如在已经被广泛研究和讨论的古典文人园林中，我们依然可以找寻中国美学中对于内外、自然、光影的理解，而诸如植物、对联等很多元素都在无形中被赋予了丰富的趣味，与其用步移景异的流动来解释，不如说是以曲折之境、想象之意来形成交互的时空感受，这可能是只有中国人才能理解的东方趣味。

第二个关键词是"地域性"，这里的地域性绝不是指狭义的、静止的地方特色，而是一种广泛的、发展的地域主义。这其中包括两方面的内涵，其一，丰富文化种群，在全球化时代强调地方的根本原因是全球化正在伤害世界范围内的文化多样性，虽然我们似乎无力扭转我们走向普遍的同一文明的大趋势，但保持不同地方的文化多样性有助于保持世界文明系统的平衡和发展。正如我们无法找到单一的建筑形式和风格来代表中国一样，因为地理、气候、语言、风俗等差异而形成不同的文化片区和亚文化片区，这是我们攫取实践中更丰富、更多元的表达方式的源泉。其二，解决当下问题，这是具有时代特征的地域性所需要直面的问题，比如中国在快速城镇化中形成了城中村、

79 马克思认为世界史不是从来就有的，资本主义时代才开创了世界史。

80 张光直，徐苹芳．中国文明的形成 [M]．北京：新世界出版社，2004．《中国文明的形成》一书认为：中国文明形成于连续性的政治程序过程，即人与人之间关系的变化，而西方则是主要基于技术和贸易的革新．

81 [英] 李约瑟．中国科学技术史—第四卷 [M]．科学技术出版社，1990．

82 这里的西方文明特指从希腊到罗马发育起来的、基于逻辑哲学发展至今的文明。

同质化等诸多问题，这些都需要有针对性的当代思考来完善。从传统建筑研究中形成指导当代建筑实践的理论，并在实践中进一步检验和发展理论，才有可能相对完整地建立起建筑实践与脚下土地的深刻关联。这种关联应当是根植性和时代性的统一，既能够联系地域主义的丰富历史、材料、场所和文化，又能够用新的技术解决当代的实际问题。

建筑是它所处时代的社会与文化的呈现，继我们开始使用钢和混凝土作为主要材料之后，伴随着全球化对于文化多样性的侵蚀，纯粹的现代建筑的基础思考已经在积累出"套路"，这也是当下东西方建筑学的共同困境。在这个意义上，如果我们不能创造出具有革命性的"充分条件"，就难免会陷入"装饰主义"的空洞之中。当下中国的传统建筑研究和当代建筑实践似乎完全脱节，虽然我们的先辈也曾出现过这样的情况，但多是由于当时的条件所限[83]。对于中国建筑的历史性回顾的真正价值在于，一方面这是我们产生实践和思考的源泉，现代建筑的革命开始于西方，而我们的现代建筑学、规划学的所有理论都来自"西方文明"，而我们对自身文明所产生出来的建筑体系的研究还远远不够，这里面所积累的能量是巨大的；另一方面，这也是对久经磨难的古老文明的致敬，我们的先辈在农耕文明时代所创造的辉煌，也必将在城市文明时代被重新演绎，这是当代中国建筑师面向未来的重要使命。

83 夏铸九在《梁思成与他的时代》封底假梁先生之口给出的评论："……在实践上的表现我确实也不满意，但是，你们无缘理解我可是真正有意愿要摆脱资产阶级的现代史学的史观与史学方法，有意图要摆脱五四之后的现代知识分子对传统文化的偏见，有意图要超越西方现代建筑的形式主义建构。这是我的未竟之业。"朱涛.梁思成与他的时代 [M].桂林：广西师范大学出版社，2014.

参考文献

[1] Jane Jacobs. The Death and Life of Great American Cities. New York, 1961.

[2] Rem Koolhaas. S M L XL. New York: Monacelli Press, 1997.

[3] [意] 阿尔多·罗西（著）. 城市建筑学 [M]. 黄士均（译）. 北京：中国建筑工业出版社，2006.

[4] [美] 安东尼·滕. 世界伟大城市的保护：历史大都会的毁灭与重建 [M]. 北京：清华大学出版社，2014.

[5] [美] 肯尼斯·弗兰姆普墩（著）. 现代建筑：一部批判的历史 [M]. 张钦楠（译）. 北京：三联书店，2004.

[6] [美] 孔飞力（著）. 中国现代国家的起源 [M]. 陈兼，陈之宏（译）. 北京：三联书店，2013.

[7] [英] 李约瑟. 中国科学技术史——第四卷 [M]. 科学技术出版社，1990.

[8] [法] 利科. 历史与真理 [M]. 上海：上海译文出版社，2004.

[9] [荷] 亚历山大·楚尼斯，利亚纳·勒费夫尔. 批判性地域主义——全球化世界中的建筑及其特性 [M]. 北京：中国建筑工业出版社，2007.

[10] [以色列] 尤瓦尔·赫拉利（著）. 人类简史：从动物到上帝 [M]. 林俊宏（译）. 北京：中信出版社，2014.

[11] 蔡瑜，支文军. 中国当代建筑集群设计现象研究 [J]. 时代建筑，2006（01）：20—29.

[12] 都市实践. 当代建筑师系列 [M]. 北京：中国建筑工业出版社，2012.

[13] 尔冬强，孙继伟. 青浦新建筑 [M]. 香港：中国通用出版社，2007.

[14] 龚维敏. "在地"的建筑——关于祝晓峰及其作品 [J]. 世界建筑导报，2014（01）：12—13.

[15] 胡恒，王群. 何为先锋派——先锋派简史 [J]. 时代建筑，2003（05）：20—27.

[16] 华霞虹. 悬挂的庭院——上海文化信息产业园 B4/B5 地块的设计策略 [J]. 时代建筑，2011（03）：106—113.

[17] 李允鉌. 华夏意匠——中国古典建筑原理分析 [M]. 天津：天津大学出版社，2014.

[18] 李武英. 青浦实践：不同寻常的解读 [J]. 时代建筑，2006（04）：24—25.

[19] 李翔宁. "青浦—嘉定"现象与中国当代建筑 [J]. 时代建筑，2012（01）：16—19.

[20] 李翔宁，倪旻卿. 24 个关键词——图绘当代中国青年建筑师的境遇、话语与实践策略 [J]. 时代建筑，2011（02）：30—35.

[21] 李翔宁.权宜建筑——青年建筑师与中国策略 [J].时代建筑,2005 (06):18—23.

[22] 李海凤.新城建设中城市设计的激活策略——以上海嘉定新城"紫气东来"重点地块为例 [J].规划师,2012 (S1):20—24.

[23] 梁思成.我国伟大的建筑传统与遗产 [J].文物参考资料,1953.

[24] 梁思成,刘致平.建筑设计参考图集 [M].北平:中国营造学社,1936.

[25] 柳亦春,陈屹峰.情境的呈现——大舍的郊区实践 [J].时代建筑,2012 (01):44—47.

[26] 刘宇扬.熟悉与不熟悉的景致——谈祝晓峰与他的建筑作品 [J].时代建筑,2005 (06):44—51.

[27] 刘津瑞,冯琼.XS 与 L——上海当代都市语境的建筑反思 [J].华中建筑,2015 (10):11—14.

[28] 卢永毅,凌颖松.魏森霍夫"集群建筑设计"回望 [J].时代建筑,2006 (01):30—35.

[29] 彭怒,支文军.中国当代实验性建筑的拼图——从理论话语到实践策略 [J].时代建筑,2002 (05):20—25.

[30] 彭怒,伍江.中国建筑师的分代问题再议 [J].建筑学报,2002 (12):6—8.

[31] 茹雷.别样的雷同——马达思班设计的上海百联桥梓湾商城 [J].时代建筑,2007 (01):48—55.

[32] 饶小军.实验建筑:一种观念性的探索 [J].时代建筑,2000 (02):12—15.

[33] 十家建筑事务所,十二位建筑师:中国建筑师中坚力量 [J],外滩画报,2013 (6).

[34] 史建.当代建筑及其趋向——近十年中国建筑的一种描述 [J].城市建筑,2010 (12):11—14.

[35] 童寯.童寯文集 [M].北京:中国建筑工业出版社,2006.

[36] 童明,董豫赣,葛明.园林与建筑 [M].北京:中国水利水电出版社、知识产权出版社,2009.

[37] 童明.从建筑到城市——关于城市文化机制的探讨 [J].时代建筑,2012 (01):10—15.

[38] 王方戟,范蓓蕾.边界的承诺——"大舍"青浦私营企业协会办公楼之分析 [J].建筑师,2006 (03):63—67.

[39] 王明贤.如何看待中国建筑的实验性——上海双年展杂感 [J].时代建筑,2003 (01):42—45.

[40] 王澍.设计的开始 [M].北京:中国建筑工业出版社,2002.

[41] 谢湜.高乡与低乡——11—16 世纪江南区域历史地理研究 [M].北京:生活.读书.新知三联书店,2015.

[42] 邢日瀚.中国建筑师 [M].天津:天津大学出版社,2009.

[43] 杨永生.中国四代建筑师 [M].北京市:中国建筑工业出版社,2002.

[44] 袁烽.现实建构 [M].北京:中国建筑工业出版社,2011.

[45] 袁烽.极少与极多——刘家琨设计的上海青浦新城建设管理中心 [J].时代建筑,2007 (01):90—95.

[46] 袁烽,陈宾.青浦营造的过程意义 [J].时代建筑,2005 (05):72—79.

[47] 张永和.平常建筑 [M].北京:中国建筑工业出版社,2002.

[48] 张光直,徐苹芳.中国文明的形成 [M].北京:新世界出版社,2004.

[49] 张斌,周蔚.环境特质与身体感知:上海嘉定新城远香湖公园建筑设计策略 [J].时代建筑,2012 (01):76—81.

[50] 张斌,水雁飞.材料背后 [J].时代建筑,2014 (03):58—65.

[51] 张斌,周蔚,李沁,王佳绮,李莹.远香湖公园探香阁餐厅 [J].城市环境设计,2013 (Z2):140—147.

[52] 赵辰."立面"的误会 [M].北京:三联书店,2007.

[53] 郑时龄.全球化影响下的中国城市与建筑 [J].建筑学报,2003 (02):7—10.

[54] 周榕,周南."典范"是如何炼成的从《建筑学报》与《时代建筑》封面图像看中国当代"媒体—建筑"生态 [J].时代建筑,2014 (06):22—27.

[55] 朱涛.梁思成与他的时代 [M].桂林:广西师范大学出版社,2014.

[56] 祝晓峰,蔡江思,丁鹏华,庄鑫善,李文佳,张昊,李硕.东来书店 [J].新建筑,2012 (06):42—48.

[57] 祝晓峰.建筑:人与环境之间的媒介山水秀的 5 件作品 [J].时代建筑,2012 (01):62—67.

全球互动：
摩天楼 &SOHO

一、"三件套"

自 20 世纪 80 年代以来，随着亚洲经济力量的崛起，亚洲一些发展迅速的城市先后卷入摩天楼建设的热潮中，其中尤以日本、马来西亚、新加坡、中国、韩国等的建设成就令人瞩目。在世界最高的 10 座城市中，亚洲占据了 6 席（香港、迪拜、上海、深圳、东京、新加坡），是世界摩天楼建设的领头羊 [84]。

高层建筑在城市发展中扮演的角色实际上是建筑背后的团体在城市中相互争夺资源和影响力的手段。人类的天性之一就是对未曾涉足的领地抱有极大的热情和占有欲，不断地挑战技术极限，用高度来彰显人类凌驾于世界之上的力量。摩天楼高度的背后反映的是一座城市的经济高度和技术高度，因为只有足够的消费需求、资金投入和技术支持，才能完成这项费时费力的浩大工程。摩天楼这一建筑类型已经脱离了建筑学的本体意义，即使掏空了它的内容，仅留下一副通天的躯壳，它也具有不可代替的存在价值，像是埃及的金字塔、英国的巨石阵、中国的长城一样。对于走在中国城市化水平前列的上海，这种纪念碑式的工程杰作，则是矗立在陆家嘴商务中心，被国内民众戏称为"厨房三件套"的浦东三中心：金茂大厦、环球金融中心和上海中心 [85]。

金茂大厦：传统与现代的衔接

上海代表了中国经济发展和城市建设的最高水平，加快与国际化大都市接轨、推动区域城市化进程的重要使命便落在了这座城市的肩上。在 1992 年确定的《浦东新区规划方案》中，陆家嘴地区被有意地向纽约曼哈顿区城市形态上引导，计划在浦东沿江建设一大批高层和超高层建筑以满足金融商务区建设的硬件需求，并且从外滩望过去能形成一条漂亮的天际线 [86]。彼时的方案中，通往东方明珠塔的世纪大道和三座标志性超高层建筑的雏形已经形成。20 年后，天际线是基本造好了，但这些高层建筑无论在形态结构上还是区位关系上似乎各自为政，也只有远观天际线才能够模糊地把它们归整起来。陆家嘴三角区在 20 年发展中暴露出的问题，如道路交通系统混乱、地下空间联系性差、商业功能和公共绿化配置不足等，与其归咎于规划师和建筑师，不如理解为在城市建设的速度和规模要求下的直接应对方式。因为对于陆家嘴商务中心来说，"相对于追求 CBD 本身功能的合理性与典型性，由其产生的国际化形象和以此为基础的城市影响力更被看中和强调。" [87] 作为具有视觉冲击力和媒体宣传度的摩天楼，更是这种城市形象和影响力的集中体现。

1999 年建成的金茂大厦是浦东三中心中率先建成的，由于其逐层收进的塔形和顶部的天线组合在一起，被大众戏称为"三件套"中的注射器。大厦由美国芝加哥 SOM 设计事务所设计，上海现代建筑设计集团配合。SOM 用现代主义严谨的轴线、模数和比例勾勒出中国传统文化中塔的造型，并将国际化与地方化结合起来，不仅迎合了当时城市发展的目标和诉求，还在设计竞标中一举摘得头奖。当年入选最终一轮竞标的方案中并列第二的 42 号方案则采用截然不同的风格——造型简洁、形体挺拔，表皮被玻璃幕墙所覆盖，代表着时代精神与先进科技，体现上海与北京、西安等历史名城不同的开放性和国际性。当时上海对金茂大厦这个项目的定位是上海历史性城市与浦东新区新貌相交接交融的城市景观，要连接历史与未来、融合传统与创新、体现民族性与国际性，要以适应时代发展、跨世纪的、标志性的建筑形象向世人展示上海的崛起。因此，SOM 设计的具有传统和现代双重属性的作品成为最佳选择。[88] 对于像金茂大厦这样具有重要地位的摩天楼，建筑形式和风格更多的是由它在城市发展中的角色和地位决定的。SOM 的设计师敏锐地意识到，塔的寓意不只建筑形式本身，更是城市形象的塑造、

84 CTBUH：迈向可持续的垂直城市主义，世界高层建筑与都市人居学会年上海国际会议综述 [J].2014.

85 三座摩天楼因其外形独特，分别被戏称为"注射器""开瓶器""打蛋器"。

86 杨之懿，孙哲.城市发展进行时 [M].上海：同济大学出版社，2010.

87 杨之懿：商业造城 [M].上海：同济大学出版社，2011.

88 邢同和.城市品位的标志——谈金茂大厦建筑设计 [J].建筑创作，2001（03）：8—18.

经济发展的里程碑、文化的发展方向，是表明开放和进步的决心。通过金茂大厦的设计，他们探索了如何运用西方现代主义的设计手法来表现中国特色文化，摩天楼作为一种现代的建筑形式怎样与传统城市风貌相衔接。他们在将自己的设计理念推向中国的第一步是学习和接纳当地文化和社会习惯，在与相关部门和项目开发者沟通的过程中找到合适的应对策略。这也是当时许多初入中国的外国事务所的探索方向，是全球互动的跨世纪开端和摩天楼竞赛的起步。

环球金融中心：简约与复杂的纠缠

随着历史步入 21 世纪，中国传统文化对建筑形式的束缚越来越小，而全球化的扩大使中国与西方和世界的联系日益密切，建筑风格更加大胆地迈向了现代和后现代。像金茂大厦这样具有古典形式的摩天楼已不多见，更多的是现代主义的模仿者，或是象征主义的极端分子。用明亮的玻璃幕墙包裹起来的形状规则的高楼，虽是流行的国际范式，但鲜有登峰造极之作，并且千楼一面；而具有图腾崇拜意味的"奇奇怪怪"的具象型高楼，不免流于世俗而被贬低为肤浅的迎合。城市面貌开始变得凌乱，各种抽象或具象形式的模仿出现在包括摩天楼在内的各种建筑类型中。有学者说中国建筑界的发展是没有经过现代主义的后现代，或者说，从西方学来的建筑体系被中国的传统文化意识和社会价值取向改造过后，少了对秩序理性的追求而多了实用性与地域性，自发形成一种在高密度环境下未成体系的设计策略。在当下环境中，其实用性是服务于日新月异的城市建设，简洁的现代主义风格适用于大规模标准化建造，而其地域性在于文化符号的拼接与装饰，尽管有些设计过于简单粗暴。无论如何，建筑风格的多元化和文化符号的滥用使得城市面貌更加复杂。

另一方面，在对外开放的政策鼓励下，许多外国开发商和建筑事务所开始进驻中国市场并接手大型项目，由于中国很多城市没有先天明晰的城市结构和发展脉络，而外国建筑师们又各自拥有不同的文化背景以及对中国文化的不同认知，所以设计的作品也具有很大差异性。这就像库哈斯"拥挤的文化"所具有的双重属性一样，如果将城市看作一栋建筑，将摩天楼群体看作生活在建筑里的人们，那么从建筑的外表面上看，即远观城市的天际线，它与其他大都市没有差别，但内部的生活状态却非常复杂，同一栋建筑中发生着无数毫不相干的偶然事件，好比城市中摩天楼各执一词标榜自己。上海的城市空间结构成为以摩天楼为核心的无数个街区的连接，城市变成了复杂性和矛盾性的集合体，当摩天楼所象征的含义变得多样化时，城市所要表达的态度也将变得含糊起来。

于 2008 年最终建成的上海环球金融中心是陆家嘴地区第二座标志性超高层建筑，由森大厦株式会社投资、KPF 建筑设计事务所主导设计，竣工后曾超越金茂大厦，成为上海第一高楼。KPF 事务所成立至今，先后设计了上百项以高层建筑为主的大型公共建筑，被誉为"最成功的高层建筑事务所"和"勇于探索和创新的创作集体"。KPF 的设计理念从现代主义继承而来，同时对城市环境与文脉非常重视，努力通过建筑的个性来反映城市的复杂性，或是把城市的特点纳入到建筑中去。事务所合伙人之一威廉·佩德森认为当代城市最主要的部分是高层建筑，它主宰了城市的组织结构与性质。城市建筑总是存在于复杂环境中，要和其他建筑或自然相沟通并和睦相处，就要尊重环境文脉。建筑既要处理好自身内在的要求，也应充分考虑外部环境的限制，是一个解决矛盾的过程。[89] 如上所述，浦东的城市环境有复杂的历史背景和城市面貌，相比于金茂大厦，环球金融中心采用了一种完全不同的路径，如设计者所希望的既能够体现伟大而高贵，

89 钟中 .KPF 事务所设计风格的演变 [J]. 建筑科学，2008.

但同时也要兼具宁静和从容。[90] "地方的主题夸张到巨大的尺度，可以将事物原有的意义改变到荒谬的程度……在浦东几乎每栋新造塔楼都力争有可以接受的形式与性格，相对这一视觉不和谐的背景，只有一个高耸、简洁的价值对这一建筑所要求的表现才能取得成功。"因此，KPF选择以非常简洁的几何体线条来控制建筑的收分和走向，基底为正方形，通过两个曲面逐渐将两个对角收归到另一条对角线上，建筑顶部在斜对角的长条形平面上升起一个中间开圆洞的观光台。这一方一圆中隐藏着对于地域文化的含蓄表达，即象征着天与地。"'地'的符号实际上是一块状如四边形棱柱体的黑色石块，称之为'Sung'（玉琮）；'天'的符号则是一种中间带孔的圆形发光石块，称之为'Pi'（玉璧）。在这个设计中，方的造型可以说是通过一种有着超大直径的圆形雕刻出来的，因此，从建筑外形上看，带有曲线的表面设计其实是这种超大圆形的片断。最初设计的顶部圆孔是开放式的，这既有利于减缓风压，又代表着中国的'月亮门'。但这并不构成这栋建筑的基础概念。"[91] 在复杂和矛盾的背景下寻找一种简单清晰的语言来作为一座城市的叙述，在城市走向"国际化""无差别化"的道路上间接地表达对于环境和文脉的关心，最终结果也是成功打造上海的城市形象，取代金茂大厦成为上海的新地标，从这一点上，KPF是高明的。设计者对项目定位非常准确："这不是我的大楼，从某种意义上说，也不是森先生的大楼，它属于中国，并有望成为可以代表中国人民渴望之情的标志符号。环球金融中心具有简朴而宁静的外观设计，我相信，它一定会以一种强壮而端庄的姿态屹立在浦东，给天际线增添一种稳重的品质。"[92]

颇具讽刺意味的是，环球金融中心的建设比较波折，这个简洁宁静的造型从构思到落地始终被复杂的社会经济变化和文化语境所牵绊。早在1995年，环球金融中心就取得了土地使用权，由森海外株式会社等37家企业和基金会联合投资，KPF事务所设计，并开始了桩基工程。1997年受东南亚金融风暴的影响，项目因资金短缺而被迫中断。3年后项目重新启动，但设计高度从原来的466米增加到了492米，造价也增加了近一半，而此时地下桩基已经打好，这意味着增高后的建筑需要用更轻的结构来抵御风荷载，并且建筑比例和设备配置也要相应更改。当新的设计方案完成并公布后，引来社会各界的广泛议论，工程再次搁浅。KPF的修改方案为：在顶部圆洞中增加一个连廊，被称为"中日友好之桥"，但由于圆洞的几何形式太鲜明，且在中国文化中被认为与日本军国主义有关，像是"两把武士刀插在中国腹地，托举起日本的太阳"，因而不被民众所接受。2004年项目重新招标后，由本地建筑公司承包，方案顶部被改为现今的梯形洞口，并最终于2008年正式完工。[93] 对于最后呈现给世人的建筑形态，想象力丰富的普通民众也没有放过这个再度意象化的玩味机会，给它取名为"开瓶器"，"三件套"的第二件由此诞生。在历时十年的设计修改和停工复工的坎坷历程中，决定设计质量的是建筑事务所的能力，但决定项目能否落地的却是更复杂的力量：资金、技术、政府决策、社会影响、文化认同。一方面，建设过程的复杂性体现的是社会力量的复杂性，形象变化的不确定性反映的是城市发展的不确定性，摩天楼所具有的标志性不仅在于其文化隐喻和技术运用，还在于其本身的存在便意味着一种胜利。另一方面，摩天楼作为城市层面的象征物，必然受到地域经济、文化甚至民族性的深刻影响；作为全球化和城市化的产物，又不得不服从于全球市场、技术水平、政府力量以及公众舆论之间的较量。

上海中心：技术与生态的探索

这场摩天楼竞赛有点像世界奥运会的意味，每栋楼都在为各自的国家或城市的荣誉而战，竞赛的宣言是"更高——挑战更高的高度，更快——花费更短的时间，更强——运用更先进的技术"。超高层的世界里似乎没有极限，由于经济的发展和技术的进步，我们永

90 参见新浪新闻报道《专访KPF上海环球金融中心总设计师威廉·佩德森》.

91、92 参见报导《我要它既伟大、又宁静——专访KPF上海环球金融中心总设计师威廉·佩德森》."我要它既伟大、又宁静"[N]. 建筑时报，2008-09-15（005）.

93 环球金融中心设计建造过程参考KPF建筑师事务所设计师大卫·马洛特《高层建筑的进化和发展——以KPF高层建筑设计为例》和《天地之间：上海环球金融中心》.

远想不到未来会出现哪些令人惊叹的巨构工程。同时，随着生态问题越来越受到人们的重视，建筑领域也在向着绿色可持续的方向发展。对于超高层建筑这一既不经济又耗费资源的建筑类型，建筑师和结构师们正在探索更加绿色的清洁能源、低碳环保的生活方式、高技节能的表皮和节材高效的建造方式。此外，当摩天楼逐渐融入城市生活后，这个庞然大物给人们生活带来的消极影响也变得愈加清晰。一栋建筑容纳的人数增加，与之配套的服务设施也相应增加，摩天楼实际上所占用的城市空间资源是其占地面积的几倍；道路不得不加宽以接纳更大的车流和人流；建筑的阴影投射到接连几个街区，这"阴影"包括但不限于阳光、风环境、视线和空间感受。建筑内部的环境也未必宜人，失去与地面的联系意味着失去与大片自然环境的联系，人们过分依赖机械装置进行通风采光，相似的平面结构缺乏空间的变化，过高的高度还带来疏散的困难。

值得庆幸的是，亚洲这片"试验田"上的快速建设给了设计师们很好的机会去探索这一建筑类型的改进方式。随着城市扩张由水平面延展变为三维化拓展，城市功能配置也开始在垂直方向进行。首先是垂直立体交通系统的诞生，然后是城市功能综合体的出现，接着建筑内部功能在不同高度空间上有了不同分配。建筑与建筑之间、建筑与城市之间的联系日益密切，建筑单体建设向城市一体化方向发展。摩天楼成为城市生活的巴别塔，成为一座垂直之城，容纳了多种功能和多样的活动。内部空间开始突破楼板和幕墙的限制，共享空间备受青睐，甚至浅根系植物也被引入公共空间形成"空中花园"。通过结构的优化和资源的回收利用以及"呼吸式表皮"等方式，摩天楼也能踏入 LEED 绿色建筑评估的获奖名单里。短短 20 年就获得了如此多技术的进步和设计的突破，这也许正是得益于这条"更高、更快、更强"的竞赛精神。

上海中心大厦位于浦东陆家嘴金融商务区，占地约 3 万平方米，是上海陆家嘴摩天大楼建设计划最后的压轴工程。其建筑设计方案由美国 Gensler 建筑设计事务所完成，总高度 632 米，总投入超过 148 亿元。大厦于 2015 年建成，因其螺旋状的外形直入云霄而被调侃为"打蛋器"。建成时是世界第二高楼、第一绿色高楼，并与紧邻的金茂大厦和环球金融中心共同构成浦东陆家嘴金融城的"金三角"。上海中心项目的规划初衷是否是代表中国向"第一"冲刺已不得而知，但它的确创造了许多个"第一"：截至目前是国内第一高楼；首个同时获得中国绿色建筑评价体系三星级标准和 LEED 金级认证的摩天楼；拥有世界上最高的观光厅"上海之巅"；国内首次在超高层建筑全建设过程采用 BIM 技术，建造出国内最复杂的幕墙系统；安装了世界上速度最快的电梯等。集多个头衔于一身，上海中心作为权力象征的目的已经达到。做室内设计出身的 Gensler 建筑设计事务所对于建筑造型和内部空间的打磨，使上海中心在城市性方面成为超越前辈的佼佼者。

Gensler 希望作为城市地标的上海中心能反映上海的文化传统和市民生活，因而在设计中通过院落和路径的叠置影射石库门和里弄的形态，形成"垂直院落"的概念。设计所运用的新型幕墙体系和中庭解决方案突破了传统摩天楼的单层空间结构，并利用双层独立幕墙创造了非常丰富的共享空间，改善了室内环境和空间体验。为了降低台风的风力影响，设计借助参数化技术生成了不对称的螺旋造型，由于设计和结构的优化而节约的材料成本达 5800 万美元。大厦采用了风力发电系统、雨水回收利用、冷热三联供系统等多项绿色技术以回应生态环境问题，营造良好的室内外微气候环境。

上海中心对于建筑与城市关系的考量，无论是塑造城市天际线、完善陆家嘴核心区功能配套、改善城市风走廊环境，还是通过设计和技术创新增加自然、人文和科技的含量，都是使摩天楼重新获得本体意义的尝试。正如美国建筑师亨利·库白曾提出的"市民摩天楼"概念:一种面向城市开放的,而非以统治性的姿态参与到城市中的介入方式,是未来高层建筑应有的品质。未来的摩天楼应当脱离孤芳自赏的状态,在具有可操作性的规划和设计层面改善摩天楼与城市生活的关系,重拾建筑的实用价值。

当城市处在跨越式发展和形象转换的关键时期,摩天楼承担了许多本身以外的含义,包括但不限于城市形象的塑造、经济发展的里程碑、文化的发展方向和价值观的体现。在城市化和全球化的双重驱动下,中国与世界产生的互动与联系愈加频繁,外国建筑师和他们在中国的作品作为全球互动的一种媒介,承载着文化与价值观的双向流动,摩天楼最终体现出的是世界对中国发展方向的引导和中国对全球力量分配的影响。

二、SOHO 在上海

SOHO 模式原指一种弹性的能自由掌控时间地点和工作方式的居家办公模式,也用来指代一种时尚、轻松、自由的生活方式和生活态度。SOHO 提供的空间往往规模不大,但功能灵活多样,环境舒适亲切并且设计可以非常个性化。然而在中国,很少有真正意义上的 SOHO 建筑,部分原因在于国内市场的居住需求远大于办公需求,对于开发商来说,住宅比办公建筑利益更大,并且 SOHO 工作方式还没有被主流家庭所接受,因而其建筑类型往往被同化为商住楼或办公楼或是城市综合体。近年来,SOHO 逐渐成为办公建筑的一个招牌或是卖点,忽视其内部功能空间设计的创造性。而 SOHO 中国选择了一条不同的路线,将同样具有品牌推广能力的摩天楼作为企业的营销手段,借建筑大师们的名气来捧火自己的生意。

SOHO 中国成立于 1995 年,由董事长潘石屹和首席执行官联合创始人张欣联手创建。SOHO 中国在北京和上海开发并持有多处高档商业地产,其建设项目均成为城市建设中的里程碑式建筑。在其内部设计理念中,所选项目必须配备一流的设计团队,具有一流的设计水准,所邀请的设计团队都是世界知名建筑师,他们具有十分专业的素质和国际高水平的建造经历,对建筑风格拥有独到的见解,同时又能成功吸引广大群众的眼球。前身为红石实业公司的 SOHO 中国凭借"长城脚下的公社"初次在世人面前亮相并荣获首个威尼斯双年展"建筑艺术推动大奖",之后迅速成长为在业内外都具有极大公众影响力的房地产公司,其首个新一代 SOHO 项目建外 SOHO 曾作为新北京的城市形象而在雅典奥运会闭幕式北京宣传片以及众多世界品牌的广告片中现身。

在房地产市场和公众舆论中获得的巨大成功验证了 SOHO 中国将产品本身作为品牌推广的商业战略,促使其着手于更大胆的地产开发——邀请更前卫的建筑师和艺术家来设计他们的产品,客观上让不少具有挑战性和颠覆性的建筑设计变为现实。另一方面,SOHO 产品的造型越夸张,理念越颠覆常理,越能够引发社会各界的巨大反响,企业的品牌宣传效果就越好。换句话说,SOHO 建筑对于企业的意义和摩天楼对于城市集权者的意义一样,是一个能在全世界打响的高端品牌,是为企业赢得新一轮地产业务的资本。《人民日报》评 SOHO 中国董事长潘石屹:"基于其对商业独到理解,他不单纯追求开发规模和营业额,更注重建筑的长远价值,强调要做中国的、当代的建筑。因此,他所开发的每一个项目都在商业上取得空前成功。"[94] 这是一种讨巧的双赢战略:大师笔下的摩天楼成为企业的营销工具,建筑师本身也提高了社会知名度。

gmp 事务所与复兴路 SOHO、外滩 SOHO

近年来,由于改革开放政策的背景和城市化建设快速发展的需求,不计其数的外国事务所在中国的土地上建成了他们的作品,这其中有来自德国的 gmp 事务所。它不论在

94 中国经济网. 潘石屹:生活的理想,就是为了理想而生活 [EB/OL]. http://www.ce.cn/xwzx/xwrwzhk/peoplemore/200805/02/t20080502_15338774.shtml

图 9 复兴路 SOHO

项目建成量还是知名度上都遥遥领先于其他欧洲事务所，成了在中国市场最成功的外国事务所。在中国这样靠速度和规模取胜的市场中，他们仍然保持了德国建筑界特有的严谨务实和注重质量，使得他们接手的项目几乎都获得了业内外的一致好评。另一方面，由于对中国现实状况的清晰认识和严谨对待，他们成了西方事务所登陆中国市场的成功典范。

gmp 事务所是"实用、坚固、美观"三原则的忠实践行者。其早期作品展现了强有力的几何功底和对砖砌手法的娴熟运用，显然是深受现代主义先驱们的影响。在 20 世纪六七十年代，同时期的建筑师借一些思辨说辞来宣扬网格作为规划工具的优势，而 gmp 合伙人认为网格只是能将设计尽量简化的工具之一，"在无法抉择的时候，最简单的解决方案就是最优的解决方案"[95]，或多或少地带着极简主义的意味。gmp 并没有要展现自己独特风格的强烈意愿，尽管从许多作品中干净利落的线条和工艺精湛的细部就能辨识出其设计者，这也许是来源于德国人的务实性格，在和每个不同的客户及环境对话的过程中都采用简单而有效的方式去应对，他们的作品呈现出的设计手法和展现形式的多样性，是设计者对特定环境的真诚关注和灵活处理。gmp 合伙人之一曼哈德·冯·格康认为建筑设计对于他们来说是一种"对话任务"，[96] 通过艰苦的设计过程来回答环境提出的问题。这种"对话式设计"的设计理念表现为简洁、独特性、

95 彼得·布伦德尔·琼斯. 大型建筑的理性设计思路：gmp 事务所作品 [J]. 建筑创作，2016.

96 方小诗，郑珊珊，哈德温·布什. 专访 gmp 创始人之一曼哈德·冯·格康教授 [J]. 建筑创作，2016（01）：34—43.

统一性和多样性及条理分明的秩序四个原则，四个方面互相影响，相互控制。简洁具有清晰易读的美学价值和便于操作的实用价值，独特性是基于环境差异性和地域文化的一种特定回应，统一性和多样性是在整体和个体的关系上取得的平衡，条理分明的秩序则是平衡背后基于自然法则的控制。

对于中国，gmp 拥有对中国国情和当地文化较为准确的把握，并且能深刻理解客户隐藏的要求，他们的作品不张扬不造作，总是以谦虚的姿态面对公众和环境，似与内敛庸和的中国文化有几分契合。这也许与 gmp 在中国的起步发展历程有关。gmp 真正意义上的第一个中国项目是南宁国际会议展览中心，在内地二线城市直接与中国的业主和当地设计院的合作经历使得 gmp 更好地了解了中国，包括隐藏在国际化面纱背后的现实环境以及中式的思维方式。他们意识到中国的发展具有急速的特点，在这种快速增长的模式下，建筑缺乏质量保证，[97] 因此他们花了更多精力来确保建筑的品质和秩序性，这也是 gmp 在中国市场急流勇进的背景下作为一股清流脱颖而出的原因[98]。

复兴路 SOHO 是 gmp 事务所为 SOHO 中国设计的优秀作品之一。在混杂着历史文化意味和现代商业气息的老城区，gmp 事务所敏锐地抓住了上海"里弄"这一代表性的文化符号，用理性主义的语言在现代化的建筑空间中表达出来。基地原有密度较大的里弄式建筑群，新的商业办公建筑没有采用平铺的方式覆盖整块基地，也没有用集中布局的方式留给城市空旷的广场，而是延续了城市空间与建筑空间交织混合的方式，以遗留的城市肌理弥合了老街区与新街区之间意义重大的交会之处。道路的组织方式隐约可见中国古代城市的棋盘式格局，一条中轴线道路连接中心广场和周边主要道路，为整个基地确立了基本秩序，穿越建筑的纵横巷陌为发生在邻里空间中的各种活动提供了可能。利用格式塔手法，底层商业大空间被分隔为 9 个长条状坡屋顶建筑，形成协调统一而富有变化的空间序列。在建筑沿街面上，建筑基地的不规则错动很好地适应了复杂的基地边界，并形成尺度宜人的开放空间，呼应周边的传统城市环境。在立面造型上，建筑群回避了一味仿古的装饰元素，而是为其打下独特的烙印：浅色宽窄不一的石材饰面板塑造了抽象画般的肌理，玻璃幕墙的深色金属框架与浅色条带装饰形成鲜明对比。高层办公塔楼的立面采用了 3 层高的竖条百叶，与低区商业建筑立面形成不同的韵律，在多样的建筑类型中取得了风格的统一。复兴广场对于传统文化特质的转译含蓄而谦逊，与传统文化符号并未斩断关系，却表达了引领现代建筑潮流的态度。

gmp 事务所在上海的另一个佳作是曾获得由美国高层建筑与城市住宅委员会（CTBUH）评选出的中国高层建筑优秀奖的外滩 SOHO。这一项目的复杂性在于如何处理与周边建筑和环境的关系以及塑造黄浦江沿岸的城市天际线。基地位于新老外滩的交会处，东邻黄浦江，具有老外滩面向新时代的转变的时代寓意，而外滩新古典主义风格的历史建筑如何与充满现代气息的新外滩建筑相互衔接，是设计面临的一个难点。一个具有古典模数比例的方格网式立面也许能够做到古典主义和现代主义的结合，但从具有多元风格历史建筑中选择恰当的模数比例的难度也不小，并且从立面细部来刻意模仿历史建筑是否也是对历史文化的不尊敬。gmp 把目光聚焦于古典建筑特征分明的轮廓，建筑上部层层攀升如塔尖的形态为我们勾勒出对于古典建筑的模糊印象，也是为外滩历史街区错落的天际线作收笔。轮廓内部则用具有强烈指向性的竖线条来填充，使建筑充满积极向上的活力，强烈的虚实对比和均质的肌理模糊了观者对于建筑内部功能和外部细节的感知而去欣赏一件象征外滩蜕变的雕塑作品。从东西方向看，SOHO 完全展现出其现代性，线条的宽度变化刻画出丰富的光影层次，建筑像是换了一副面貌

....
97、98　晓欧 . 专访 gmp 合伙人尼古劳斯·格茨 [J].
　　　建筑创作, 2016（01）: 44—51.

以迎接新时代。在裙房的处理上，gmp 也强调了石材勾勒出的轮廓而弱化了黑色玻璃的隐藏内容，但具有更强的开放性和透明性。这些精致的线条均由两个斜面上石材饰面相交的锐角形成，石材拼缝和转角关系都经过了细致的考量，而石材与玻璃幕墙的交接处以及通层的整块玻璃分格更体现出 gmp 对细部设计的严谨态度和对建设质量的严格把关，使得项目既有城市尺度的美学价值又有人体尺度的细腻优雅。外滩 SOHO 的平面用了与复兴广场相似的处理手法，由错动长条形体块并置而成的建筑单体对基地边界有很好的适应性，同时使室内获得充足的自然光照，错动之间又形成了大小不一的广场，一条贯穿东西的曲折步道将这些小型广场连接起来并一直延伸到外滩广场。基地内还设计了多条步行线路和多个车辆出入口，以提高场地与周围街区和城市空间的渗透性，共同形成富有趣味的滨江城市带。"该建筑的形式和组织方式明显遵循了经典的范式，但同时也可以清楚地看到，从各个角度上，这个历时良久、因地制宜的设计方案都光彩夺目。"[99]

扎哈·哈迪德与凌空 SOHO

融合和对立是相对的。当我们周围的 95% 都是平庸，日常之外总也需要一些城市的点睛之笔，即所谓的地标性建筑。很难想象，如果所有的建筑师都像扎哈，那将是城市的灾难，就如一个人一身素色，需要一件亮眼的珠宝来提升一下，扎哈做的就是这样的事情。

扎哈在全世界的建筑师中算是特立独行的一位了。她的设计风格充满了超现实主义的幻想和不拘一格的时尚，其作品被认为是直觉和感性的产物，甚至对一部分人来说是精灵古怪而难以理解的。有人说扎哈其实是一位艺术家，算不得建筑师，因为她在用雕塑的手法做建筑，为自己设计艺术品，而从不考虑建筑环境和地域文脉。但如果仔细研究扎哈的设计历程，便会发现扎哈非常理性的一面。扎哈的好友、曾经的同事库哈斯在《直觉的理性与理智的感性》中评论扎哈："在项目刚开始或建成之前，她的作品倚赖直觉，而我们的作品依靠理性；而一旦项目完成后，我们的作品成了直觉性的——或者说不那么复杂——而她的作品却是图解性的。"[100]

扎哈在英国建筑学院学习的时候就表现出来极高的数学天赋和抽象思维，这段学习经历对她日后的创作有很大帮助，并给予她很强的图解能力和造型能力。天赋异禀的她曾在 OMA 工作，但 OMA 的先锋创作远远满足不了更加前卫的扎哈。于是在 1979 年，扎哈创立了自己的工作室，并在"香港之峰俱乐部"竞赛中摘得桂冠，一举成名。这个方案将建筑和自然整合在一起，通过碎片化的建筑形象，重新诠释了基地为设计提供的丰富可能性，也表现出非恒常的、无次序的解构性，由此提出对现代主义的反抗。尖锐的交角和硬朗的直线具有飞腾的动感，虽然还不足以体现扎哈后来所追求的极致的流动性和自然性。扎哈认为她的建筑是"无重力"的，是飘浮在现实的上方而不受地面的束缚，但这并不意味着置场地条件于不顾。相反地，她的设计反而对环境非常敏感，因为设计过程中必须非常关注基地环境特征，并能用恰当的形式来驾驭特定的环境，且每一条曲线都经过细致的推敲和反复的试验而得出最佳结果。相比与既有城市面貌保持和谐，扎哈更看重的是建筑所能给予城市的东西——更加公共化和城市化的空间。"如何对城市环境做出回应并通过一种地面几何学意义上的新平面去打开空间、如何使空间更为公共性和市民化更让我感兴趣，而空间的操作都是依项目的整体功能组织格局决定的——无论是将它层化、压缩还是扩展。最主要的讨论点是如何处理城市中的楼房、如何应对地面条件。我的兴趣在于如何开放地面，这是一个尚待解决的问题。"[101] 扎哈还引入了

99　CTBUH, CITAB. 中国最佳高层建筑 [C]. 上海：
同济大学出版社，2016

100　雷姆·库哈斯，帕特里克·舒马赫，刘延川，
马岩松. 直觉的理性与理智的感性 [J]. 建筑创
作，2017.

101　"大师系列"丛书编辑部. 扎哈·哈迪德的作
品与思想 [M]. 北京：中国电力出版社，2005.

地质学上"地形"和"景观"的概念，来强调其流动性和开放性[102]。在这一点上，扎哈可以说是理性的，她要创造的是一种向城市开放的建筑景观，她能够清晰地建立建筑与环境之间的关系，把握空间的流动关系，使艺术性创造控制在一定的秩序之下。

如果扎哈的理智分析与直觉创造的两面性使人难以理解，那必然是因为扎哈的建筑是为"梦想"而造，为"未来"而造，而这种面向未来的建筑观无关理性或感性。她试图推翻由现代主义和历史传统统治一百多年的建筑世界，以开创一个崭新的时代。扎哈在回应对北京 SOHO 现代城方案与传统关系的质疑时说："重要的是找到合适的、满足我们梦想的形制，为了未来而建造。……我们试图为城市建造一个新的平台，它可以在其上真正地发展。"[103] 扎哈认为真正有价值的传统建筑已不存在，未来的城市应该破旧立新，通过"擦去一切东西，开始一个新的样式"来获得其现代性，或者说是未来性。她对于空间公共性和市民化的追求，对交通和流线的考量，以及对景观环境的塑造，都基于面向自由的城市观和未来观。而对于都市背景和现实问题的关注则相对较少，更多地是从建筑单体、从形式语言方面突破创新。

她对于独特性有非常强烈的追求，唯一、不同、原创[104] 是她的设计宣言。她将自己看作引领新时代潮流的那个人，从 20 年前便开始试验一种与众不同的建筑语言以创立独特的设计风格。但她做设计不是为了表达个性，而在于创造"影响力"，这也许与其早年经历有关。通过独树一帜的设计风格和态度，她确实在全世界确立了自己无可替代的地位。

从扎哈的设计理念中可以发现，其"未来感""独特性"和"影响力"正是 SOHO 中国所需要的。这解释了为什么扎哈在中国大陆的九件作品中有四件都是 SOHO 中国的项目。另一方面，扎哈的客户正是因为看中"扎哈曲线"这一符号才邀请她来设计的，因而许多作品的操作手法和形式表现都具有高度的一致性。凌空 SOHO 是扎哈的 SOHO 项目中最具流动性和未来感的作品，它为城市创造出的建筑景观和空间体验颇具震撼力，使之成为 SOHO 中国在上海的又一新名片。

凌空 SOHO 位于上海大虹桥交通枢纽区，区域内聚集了信息服务业、航空服务业和现代物流业等产业。扎哈准确地抓住了基地区位的特殊性，希望通过流动的建筑来创造一个介于城市和建筑之间的交通枢纽。考虑到虹桥枢纽与城市中心之间密切的交通往来，设计首先将 SOHO 功能置于四栋平行的板式高层中，使东西向具有极强的渗透性。基于不同平面之间的联系性以及建筑对于城市的透明性，楼与楼之间在不同高度架起了连廊，与主体之间进行柔和过渡。在城市其他因素的影响下，交通和流线将变得更为复杂，建筑形体和方向产生了扭曲。在建筑与城市的频率共振下，建筑也变成了城市通廊的集合，人们可以自由地从一个平面走到另一个平面而不会被建筑阻碍，也不会受制于垂直方向的分裂。这样的建筑自然需要以流动的曲线来塑造，并使建筑和场地景观融为一体。在先前的银河 SOHO 和望京 SOHO 中，我们也能看到这种通过创造多个地面获得公共空间的操作手法，只是凌空 SOHO 做得更加极致，不仅在同一平面上创造流动性，还让垂直路径转化为平面之间的位移，并从造型上建立平面和立面的连续性。通过这些连续起伏的空间变化，建筑营造出"峡谷与连桥"的壮观场景，如同建筑成为人们脚下起起伏伏的山丘与谷地。对于摩天楼来说，功能与空间的高度集约化往往带来城市层面上的空间隔离，造成地面层公共领域的拥挤和社会交换的障碍，而扎哈所做的正是通过多级地面和连桥坡道使之集中横向发展，打破摩天楼的封闭性。"塔的造型将在大都市里有一个新契机，建筑的和谐、流畅（高质量的）可以缓解城市

....

102、103、104 "大师系列"丛书编辑部：扎哈·哈迪德的作品与思想 [M]. 北京：中国电力出版社，2005.

的拥挤感。"扎哈说，"将来比现在看得更清楚，这个超拥挤的环境将会被利用，以适应各种生活方式。不同的生活秩序用不同的手段来协调，显得更清晰有序。建筑设计的任务将更加关注方位和交通的清晰连接。"[105]

隈研吾建筑事务所与虹口 SOHO

隈研吾的建筑观如他所说："建筑自身存在的形体是可耻的。我想让建筑的轮廓暧昧化，也就是说，让建筑消失。"[106] 他理想中的建筑不是高高在上的自我标榜，而是非常低调地"消隐"在环境中。这种设计哲学与日本的"耻文化"有关，他的"负建筑"理念都流露出东方文化中的集体意识和以退为进的思想。他对材料的研究非常细腻，为了消除建筑的建筑性，使之最大限度地融合在环境当中，他往往使用与混凝土"立场相反"的具有温柔属性的天然材料，并通过将材料分散或制成碎片，来化解由整体性带来的存在感。因而，以木材为主的格栅成为隈研吾作品的风格化符号之一。虽然其作品在布局和形态上都对各自的场地环境有所呼应，但总体来说，对建筑材料和表皮的过度关注使作品从效果上来说有些同质化。由此看来，不论是从设计理念还是作品呈现的结果，似乎与摩天楼所具有的引人注目相矛盾。面对 SOHO 中国的邀请，他给出了不太一样的答案。从建筑布局和场地关系上，建筑与环境的融合是成功的。三里屯 SOHO 通过分散式布局和贯穿建筑多层的开放步道来加强建筑对于环境的渗透性，柔和的玻璃曲面和幕墙上错动的铝板条在一定程度上消解了大型综合体的体量感。在虹口 SOHO 中，场地中部留出一条东西向通道联系利通广场与周边居民区以提高交通的便利性，同时北部裙房面向利通广场的大屋檐和楼梯形成了引导性的空间，将地铁站的人流引入建筑内部。而在隈研吾擅长的表皮处理上，SOHO 却无法摆脱作为摩天楼的象征性与特殊性。三里屯独特的肌理和形态恰恰使其从周边建筑中脱颖而出，而虹口 SOHO 中由三棱柱扭转而成的白色穿孔铝板表皮在深色玻璃背景下显出强烈的光影效果，具有很强的现代感，似乎并不能融入四川北路富有历史气息的街区。隈研吾打趣地说："建筑其实也有权利成为一种象征，挑战（建筑）材料的自身逻辑也许是个错误。"

图 10 虹口 SOHO

105 玛格丽塔·古乔内.袁瑞秋.扎哈·哈迪德 [M].
    大连：大连理工大学出版社，2008.
106 隈研吾.负建筑 [M].济南：山东人民出版社.
    2008.

虹口 SOHO 的室内设计也是出彩的部分，高低起伏的顶部格栅与建筑外表皮相呼应，塑造了视觉上的流动感。但表皮的这种流动性与扎哈的空间流动性完全不同，只表现出建筑的轻薄感和界面的透明感，而缺乏与人实质上的互动。这也许是因为建筑为了消隐，刻意与人保持距离，使人们感受不到它的存在，更未曾尝试掌控和改变人的活动状态。进一步抛开材料和表皮的游戏，隈研吾所设计的 SOHO 似乎缺少些什么，它在当今复杂多变的城市语境中过于沉默，既不夸张随性，也不保守理性。它就像日本传统文化一样自相矛盾，不敢公开标新立异，却又不甘于平庸，因此隈研吾选择了一条违背常规的路来暗中表达自己的抗争，同时从表面上给自己套上一层不受外界攻击的保护壳。

三、非对称交流

自 20 世纪 90 年代以来，"中国建筑热"作为新时代的一种文化现象，在全世界范围内掀起了热潮，西方建筑学在发展"困境"中遇到了中国这个新生市场。全世界的建筑匠人纷至沓来，先是作为近邻的日本，随后是领跑世界的美国，再是艺术氛围浓厚的欧洲，这些国家的优秀建筑师们在短短二十几年里迅速涌入中国，在大城市中留下许多令世界瞩目的建筑作品。据统计，北京市在 1998 年至 2003 年期间收到的 232 件项目提案中，有 48% 是委任国外建筑师设计的，14.7% 是由合资企业设计的，而最终建成的项目则全部是外资或者合资企业的作品。[107]

这与其说是"崇洋媚外"的表现，不如说是全球范围内供求关系平衡的结果。20 世纪末，中国的经济开始腾飞，城市化速度明显加快，公共设施和住房建设需求正旺，像极了 19 世纪末的芝加哥和战后重建中的日本。然而，与后两者不同的是，在中国，大规模建设至今尚未催生出具有世界影响力的建筑师群体。有学者认为，中国自近代以来建筑学发展迟缓，本土建筑师人才极度匮乏，也有人认为外国建筑师的涌入极大地冲击了本土建筑师探索重构中国建筑学的道路。与中国古代匠人的营造方式不同，现代建筑学对于中国来说是一门"外来"学科。在全球化背景下，面对日益增加的现代化建设需求，越来越多的国内重大建设项目选择了邀请国外知名建筑师来设计或参与设计。这些知名建筑师也凭借着其蜚声中外的国际影响力为宣传中国形象做出了巨大的贡献。长期向西方学习先进技术和文化的历史给决策者们留下了"西方等同于现代"的执念。反观美国和欧洲，建筑行业正在走向下坡。发达国家的平均城市化程度已经达到 75% 以上，城市基础设施趋于完备，私人土地开发也接近饱和，建筑事务所的工作越来越被迫聚焦于旧房修复和小型项目的精细化设计。据统计，欧美发达国家平均每 50 人中就有一名建筑师，这一比例在中国是一千五百分之一[108]。加之欧洲经济危机频繁出现，国外建筑师的日子并不好过。全球建筑行业的天平已经倾斜向新兴市场——中国、东南亚国家以及阿拉伯国家。中国市场提供的机遇拯救了许多经营惨淡的建筑公司。SOM 在金茂大厦设计竞赛中的最后一搏挽救了其在芝加哥风雨飘摇的建筑事业，gmp 借助在中国的市场规模和业务优势赢得了在欧洲建筑界的一席之地。

在中国，这些外国事务所体会到了什么叫作"高速发展"：多线并行的工程项目，极其短暂的设计周期，摇摆不定的甲方业主，缺乏技术的施工队伍，以及截然不同的东方文化。然而这些问题在公司利益和个人理想面前算不了什么——中国吸引他们的不是昂贵的设计费用（实际上并不都非常多），而是能够施展才华的广阔舞台和鼓励创新的社会氛围。扎哈·哈迪德评论中国是"一张可以用于创新，不可思议的空白画布"。[109]上海新天地的设计师本杰明·伍德说："在中国工作的极大好处不仅仅局限于经济上的

107 薛求理. 世界建筑在中国 [M]. 上海：东方出版中心，2010.

108 解放日报. 丑陋的建筑在诉说什么——对话郑时龄 [EB/OL]. http://newspaper.jfdaily.com/jfrb/Mobile/2012-09/28/content_891495.htm

109 参见观察者报导《CNN：为何欧洲建筑师都爱来中国》，2017。

回报……其益处还在于你可以创造在美国绝不可能实现的设计作品。"[110] 还有建筑师直言："大家都在做在世界任何地方都很难做到的建筑类型，不是因为它更昂贵，而是因为真的很大胆。来自世界各地的办公室都来到中国，因为他们发现在这里有机会做他们无法在本国做到的事情……在中国，我们可以对社会产生影响，我们甚至完全可以重新思考城市运作模式。"[111] 中国的硬件设施建设成就令全世界感到震惊，日本知名媒体曾发文称："中国不仅仅在举办国际盛事方面，在建筑和城市景观建造方面也将全面超越日本。"[112]

中国市场对这些外国建筑师的作品有着更加令人震惊的包容性，这是一种"纵使在西方也未能期许的开放性"。我们能看到 SOM、MVRDV、库哈斯、福斯特等风格迥异的事务所在一个商业项目中同台竞技，这在西方发达国家简直是不可想象的事情。当城市建设陷入一种几近疯狂的状态时，设计似乎变成一件很容易的事情。建筑就像是流水线上的产品一样等待着被人开发和投入使用。雷蒙德·阿伯拉罕形容这个过程"如同种植野草"，这种廉价量产的发展模式值得引起建筑师们的警惕。审美观缺失的业主的要求、知名度的诱惑以及标新立异的追求导致一些城市诞生了"奇奇怪怪"的建筑。当前城市的重大建设项目大多交给外国知名建筑师来设计，但这不代表受邀建筑师一定擅长这类大型项目，也不意味着他们对中国社会和市场有充分认识。被法国外交部称为"法老王的建筑"的国家大剧院在敲定最终方案时，曾收到来自中国科学院和工程院以及业界 157 位学者专家的联名抗议信。信中指出了保罗·安德鲁的大跨外壳设计不合理、对周边环境不尊重以及造价昂贵等一系列问题，甚至言辞激烈地批评这样的大剧院如果建成将是"一场灾难"。然而，这场学界声讨仅仅使工程延期一年，最终还是按照原方案建成了。普通大众原先对这颗巨蛋褒贬不一的议论竟也在轮番上演的闹剧中逐渐趋于认同。中国最令人惊讶的"开放性"不在于对所有设计提案点头言"是"，而是当出现"否"的声浪时，政府的权威性和现代化建设的紧迫感会让所有批评者缄默，转而投入下一个更有挑战性的项目中。民众似乎也对频频"空降"在城市中的奇怪建筑习以为常，将其作为坊间笑谈。中国社会自上而下对新奇作品的容纳度，既可能带来拯救当代建筑界的大师作品，也可能会颠覆中国的城市结构和社会认知。

策略

外国事务所在中国的业务并不是一帆风顺的。从项目对接到方案深化再到施工配合，各个环节都会出现前所未有的问题。广州歌剧院在建造中暴露出的施工技术质量问题给了扎哈一个教训，使其在以后的设计中特别注意建造方式和施工团队的选择。除了层出不穷的技术质量问题，国内建筑师强大的模仿能力和快速增长的数量，国外新兴建筑事务所源源不断地涌进中国市场，所有这些都已经开始给先一步进入中国的外国知名建筑事务所造成压力。这些局面迫使他们在竞争日益激烈的中国市场中扬长避短，采取一些发展策略。

作为以盈利为目的的商业公司，具有现代主义风格的 SOM、KPF、gmp 等著名外企采取了在中国开设分公司并招募大批员工来同时进行多个项目设计的策略。他们中有些试图寻找项目中设计与效率的结合点，有些则在维持基本质量的基础上以报价和效率为突破口，而以上这些共同之处则在于，他们都讲求经济高效，因此他们在较量中总能获得成功。gmp 为保证分公司设计质量和设计风格的统一，内部已形成较为完整且详细的设计模式，员工的任务就是习得该事务所的设计模式并且运用到一般项目中，而重大项目仍是由合伙人及分公司负责人来领导。福斯特建筑事务所在这几家公司中

110 薛求理·世界建筑在中国 [M]. 上海：东方出版中心，2010.

111、112 参见观察者报导《CNN：为何欧洲建筑师都爱来中国》，2017。

最善于把握商机并赢得竞标，为适应总部与中国的时差设立了 24 小时开放模式，从而能够随时把握在中国的项目进展。[113] 同时，福斯特还善于紧紧抓住可持续和高技术的专长与中国建筑风向标的结合点来建立优势。但是，量化设计的发展模式使得商业公司不能保证每个作品的高质量和独特性。当技术不再成为壁垒时，创新性和高质量将重新成为竞争的主题。

对于坚持走明星路线的外国事务所来说，形成具有辨识度的理论或作品是关键。记者出身的库哈斯在学术界和建筑行业中具有很高的社会地位。这源于他对于社会问题具有相当的敏感度。他认识到建筑在现代化中扮演的重要角色及其经济和政治意味，因此总能在适应文化和挑战规则中形成具有说服力的话语工具。至于他在中国的建筑作品，则饱受争议，其颠覆常识的造型和高昂的造价是最受诟病之处。建筑师俞挺认为："库哈斯的短板是他没有创造形式的能力（即造型能力）。"[114] 但这并不妨碍库哈斯借助图解和天赋来构建具有冲击力的建筑，还使他在正面和负面的一片评论声中提高了知名度。同样来自荷兰，在建筑与城市密度都有理论建树的 MVRDV 却在中国土地上屡遭战败。荷兰与中国的高密度城市环境是相似的，但不代表城市需求和文化意识是相似的。在深圳光明新城总体规划、中心区塔楼等项目中的挫败使其意识到，"最大的优点同时也是最大的弱点。以密度为重点的研究方向无疑正中当代中国高密度城市发展的下怀，但是声称不重视形式却每每展现夸张建筑形式的 MVRDV 遭遇了过于强调建筑形式的中国意识形态的强烈冲击。"[115] 但他们在高密度城市发展中对建筑形式和城市关系的创新研究带给中国建筑师许多启发。而对于富有个性的扎哈来说，她的作品就是她的标签，不需要理论创新作为设计支撑，建筑夸张的造型与流动的空间便是她的创新点。

冲击

外国建筑师留给中国的这些作品极大地改变了一线城市的面貌。有意思的是，那些设计极其大胆、引发社会争议的建筑，上海似乎没有北京多，除了为 2010 年世博会而建的带有实验性的建筑。其原因主要有两方面。一是上海的城市规划特别是在遗产保护方面要领先于中国绝大多数城市，这不仅是因为上海是中西方学科知识交融汇聚的地方，还因为其城市规划发展脉络在百年中延续不断。二是上海在全国格局中扮演的经济向导角色。上海由于历史原因，这座城市在政治上仍然偏向保守，这一点从上海商城的美国业权禁用进口房车的规定上可以看出。北京建设大量标志性建筑的目的在于树立权威和国际形象以及承办大型赛事，因此尽管一些非常大胆而昂贵的设计受到学界和大众的反对，但还是在政府的推动和各方资助下建成了，并且随着时间的流逝，这些标志性建筑反而成为北京人认同感和自豪感的来源。"鸟巢"的设计师之一赫尔佐格评价说："在这里，每个人都被鼓励做出看起来最愚蠢及最奢华的设计。他们并没有在所谓的好品味与坏品味、最简约和最具表现性之间，定立明确界限。"[116] 库哈斯则将其归因为权威体制的优势和领导人的冒险精神。而在上海，受到政府意志影响和城市规划严格控制的项目主要集中于南京东路、外滩和陆家嘴区域，此外绝大部分外企参与的项目都是由开发商主导。开发商在创新方面是既激进又保守的，激进是因为他们希望利用建筑在商业和社会上产生的巨大反响来加强企业宣传，保守是因为在市场竞争中他们不敢迈出过大的步伐，以免摔下擂台。与上海类似的广州便是如此，我们可以从库哈斯和扎哈的广州歌剧院方案竞争中窥见一二。库哈斯的方案是对剧场传统模式的挑战，带有极强的实验性和理论性：他将观众席设置在米白色卷曲的折叠界面里，舞台则安装在旁边黑色的金属框架中，观众需要通过一个巨大的洞口才能观

113 参见《福斯特建筑事务所 2015：行进中的建筑与城市》。

114 参见俞挺《地主杂谈》，2014。

115 张为平. 荷兰看中国—MVRDV 的中国建筑师访谈 [J]. 城市建筑，2009.

116 薛求理. 世界建筑在中国 [M]. 上海：东方出版中心，2010.

看演出。扎哈的方案则一如既往地充满流动感与未来感，不规则的外观由三角形网格包裹，内部倾斜的墙壁和屋顶给人以全新的空间体验。业主显然不敢将自己的项目用于建筑师个人理论的试验场，他们宁愿选择空间与造型的视觉效果的创新，而不是剧院模式的颠覆性创新。而扎哈方案中海边卵石形象的文案表述也许是恰好与当地传说挂钩了，毕竟对于我行我素的扎哈大师在中国的第一个作品来说，融入对中国文化的理解是一种苛求。

外国建筑师和他们的作品是中西方建筑学交流的重要桥梁。它们将西方当代最新的建筑理论和设计模式输送到中国，这个过程可以称为"技术输出"，而中国反过来为西方建筑学界提供研究和实验的平台，相应地称为"市场输出"。这种全球化下的资源再分配方式在质和量上还不能达到对等：外国向中国这片"空白画布"输出的东西显然要比中国能提供的经验和理论要多。最早进入中国的美国建筑师之一，刚刚故去的约翰·波特曼在接手第一个中国项目上海商城时发现，中国房地产公司没有任何开发经验，对这样的大型商业项目更没有什么概念。"我们早期的业务更像是一种教学过程，因为我们必须与客户过一遍程序——很仔细地解释我们的计划，造价是多少，回报预期是什么。"波特曼公司的人回忆道，"当我们开始在中国做第一个项目时，没有一家像 CBRE 这样的公司做市场调查。根据我们这些进入中国做生意的西方人的经验，我们洞察到需要为外国人提供一个他们能够开展事业取得成功的地方。因此我们建议把上海商城建成一个大型综合体项目，其中包括一个地标性酒店（今天的波特曼丽兹·卡尔顿酒店），住宅、办公和商业——一个城中城。"[117] 在波特曼的指导下，上海商城被设计成一个以海外驻华雇员为主的多功能混合型建筑，成为此后一段时间内中国综合体项目的模板。随着本土建筑师的成长和市场供需关系矛盾的缓和，这种"技术输出"与"土地资源输出"正在减少并有望达到一种新的平衡。在与外国建筑师合作设计金茂大厦等项目的过程中，国内设计院学到了处理大规模复杂建筑类型和建造细部的方式，为以后独立承接复杂项目积累了许多经验。此外，以长三角、珠三角为代表的大规模城市群吸引了包括库哈斯和 MVRDV 在内的一批国外建筑理论研究者们，为城市变革研究和未来建筑学的探索方向等方面提供了大量研究资料。

在外国建筑师的启发和刺激下，一些受到良好西式建筑教育的建筑师开始进一步反思国内的建筑理论和设计理念，提出基于中国文化背景的理论构建，如前章所述。西方后批评主义思潮和中国文化自我觉醒激发了国内建筑师对建筑理论的批判性思考和建筑实践的探索动力。一些有海外留学背景的建筑师凭借个性化的设计风格在国际上崭露头角，并由此开启明星建筑师之路。MAD 创始建筑师马岩松最初曾在扎哈事务所学习，后凭借玛丽莲·梦露大厦为中国摘得第一个设计竞赛头奖，在国内引起了极大关注，于是转战国内市场，并开始探索不同于扎哈的话语工具作为自己的"招牌式"风格，获得了业主们的青睐。

尽管本土建筑师付出了很多努力，政府和许多开发商对国外建筑师的信任仍然大于对国内设计院和事务所的信任。在这种莫名的好感的影响下，开发商竟能将一项 15.8 万平方米开发项目的设计工作交由一名刚到中国工作的 24 岁的西班牙建筑师领导。[118] 这种强烈的态度倾向给了一部分国内建筑师以启发——这些建筑师大多是拥有知名院校学历或是明星事务所实习经历，他们先用外国名字在国外注册公司，再回到国内招募员工承接项目，在设计风格和模式上模仿成功进驻中国市场的那些外国事务所，因而他们的设计方案总能被选中。他们不是真正的外资企业，但却能依靠外企的良好声誉

117 约翰·波特曼. 中国 30 年：一位建筑师／开发商的视角 [J]. CTBUH World Congress, 2012.

118 参见观察者报导《CNN：为何欧洲建筑师都爱来中国》，2017。

收到很多项目委托。还有少数设计人员直接将外国建筑师的作品照搬到自己的汇报方案中。无论以何种方式,外国建筑师的设计理念和设计策略在中国得到了广泛的传播。而其负面影响是出现许多造型雷同的建筑,以及由各种风格杂糅得到的低品质设计。这显然不利于建筑行业整体设计水平的提高。

图 11 国外建筑事务所在上海的主要实践（焦昕宇 绘制）

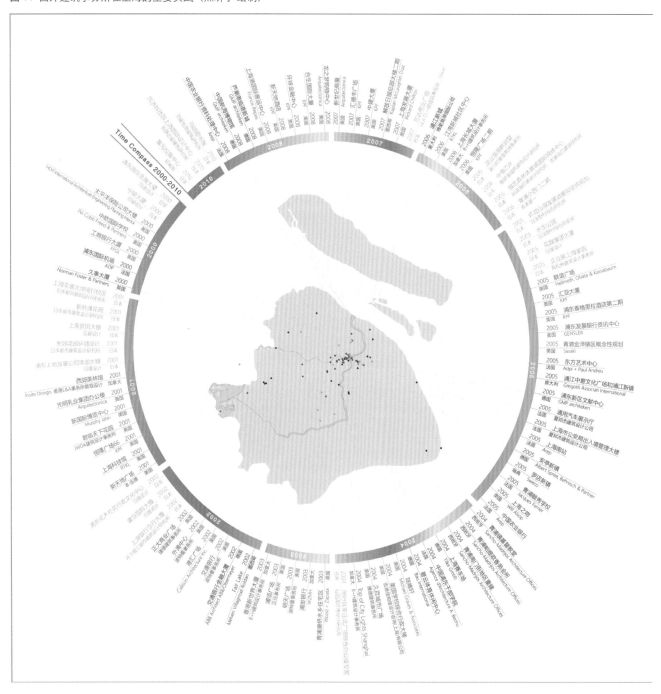

文化

无论是对国内还是国外建筑师来说，中国传统文化都是设计中不可忽视的重要因素，然而由于对传统的丢失，大多数建筑师在设计中国的现代建筑时都不可避免地走向某种"误解"。其中，西方建筑师在设计时主要是通过传统元素的拼贴和抽象符号的隐喻来体现中国文化。20世纪五六十年代，北京建筑设计院流行一个说法，要想让设计稳妥地通过评审，就在方案中加入中国亭或者大屋顶。尤其是对于桥梁设计来说，两个塔楼加顶部两个中国亭成为那个年代的标准配置（南京长江大桥与武汉长江大桥）。与此相似的是，相当一部分外国建筑事务所在刚进入中国市场时，是依着他们对中国形象的既定认识，将中国传统建筑元素直接嫁接到设计中，如中国红色、斗拱及大屋顶等形式。这种做法看上去像是国内设计师为迎合业主的想法而刻意增加的传统符号。随着对中国文化的深入了解，建筑师对地方文脉的转译变得更加高明。他们喜欢将设计概念赋予汉字拆解和神话传说一类的含义，譬如上海中心大厦的"龙"型设计与上海大剧院的"亭"式概念。这种用传统文化包装文案的方法可以看作是一种西方化的"追本溯源"。它逐渐成为许多项目汇报中默认的一部分，甚至影响到了建筑学学生的设计。另一部分外国建筑师开始探索用抽象符号和空间组织来表达对地方文化的理解，以安藤忠雄等日本建筑师为代表，这些人大多对历史文化的独特性有所研究，希望通过营造某种意境来表达对文化的理解。

中国社会和文化的复杂机制还产生了一个有趣的现象，即社会大众对建筑作品的具象化指代甚至是误读现象。大众的解读方式会影响到公众舆论，进而影响到建筑落地过程以及外界对建筑师的评价。在中国文化语境中，人们对于外来陌生的事物总习惯于取个通俗形象的昵称来消除陌生感，增加几分乐趣，例如陆家嘴的"三件套"以及北京的"水煮蛋"（国家大剧院）、广州的"小蛮腰"（广州电视塔）之类比建筑本身更广为人知的外号。中国自古以来的象形文字表达方式和集体主义的思想意识或许能够解释中国人发达的形象思维和善于从毫不相干的事物中发掘联系的能力。与中国式思维相比，西方思维则更追求抽象和简化的客体。因此当央视大楼被调侃为"大裤衩"时，西方建筑师总是难以理解其中缘由。这类标志性建筑的一个重要作用就是供社会民众驻足观赏，但大众与建筑师对建筑的解读方式完全不同，他们不需要也不能够从专业的角度来理解设计背后的隐含寓意，更多地是对自身文化的自动关联与娱乐性地猜测。

中国当前的城市发展模式不是独有的，在工业革命前后的欧洲出现过，在未来的其他发展中国家也可能再现。但中国在全球建筑界引发的理论研究与市场竞争的热潮也许难以被超越。外国建筑师成为中西方建筑界交流的重要桥梁，一方面将较为成熟的理论和实践模式输送到中国，点燃了本土建筑师们向西方学习的热情，另一方面也将中国的文化特色和思维方式传播到西方。他们的作品极大地改变了中国城市的面貌，而中国也成就了一批外国事务所的复兴。虽然中西方各取所需似乎形成"共赢"局面，但是这个交流过程还不是对等的，建筑学界的话语权仍然掌握在西方世界手中，而中国的实践土壤是有限的。在全球化背景下，这样的互动模式仍将持续，但最终技术和市场的不对等交换应当被共同创新所取代。

参考文献

[1] Emily Merrill, Lee E.Gray. A Paradigm Shift in the 21st Century Skyscraper [J]. 中国土木工程学会会议论文集 [C], 2012.

[2] Rem Koolhaas. S, M, L, XL[M]. The Monacelli Press, 1995.

[3] Rem Koolhaas. Content[M]. Taschen, 2003.

[4] Rem Koolhaas. Delirious New York[M]. The Monacelli Press, 1997.

[5] Peter Blundell Jones. A Rationalist Approach to Big Buildings of the world[J]. 建筑创作, 2016.

[6] 雷姆·库哈斯, 帕特里克·舒马赫, 刘延川, 马岩松. 直觉的理性与理智的感性 [J]. 建筑创作, 2017.

[7] 雷姆·库哈斯, 帕特里克·舒马赫, 阴杰等. "明星化"的毒药 [J]. 建筑创作, 2017

[8]《大师系列》丛书编辑部. 扎哈·哈迪德的作品与思想 [M]. 北京: 中国电力出版社, 2005.

[9] 大桥·谕, 雷姆·库哈斯. 勇敢的实验 [J]. 建筑创作, 2017.

[10] 大桥·谕, 奈杰尔·科茨. 原创性与商业化之辩 [J]. 建筑创作, 2017.

[11] 大卫·马洛特等. 高层建筑的进化和发展——以 KPF 高层建筑设计为例 [J]. 时代建筑, 2005.

[12] 邓安琪. 专访 gmp 合伙人施特凡·胥茨 [J]. 建筑创作, 2016.

[13] 方小诗, 郑珊珊, 哈德温·布什. 专访 gmp 创始人之一曼哈德·冯·格康教授 [J]. 建筑创作, 2016.

[14] 福斯特建筑事务所, 刘颖杰（译）. 福斯特建筑事务所 2015——行进中的建筑与城市 [J]. 城市环境设计, 2015.

[15] 李翔宁, 熊雪君, 韩苗. gmp 与当代中国建筑的实践 [J]. 城市环境设计, 2013.

[16] 王桢栋, 杜鹏. 迈向可持续的垂直城市主义: 世界高层建筑与都市人居学会年上海国际会议综述 [C].2014.

[17] 王舒展, 姜冰. gmp 中国: 专访 gmp 中国区合伙人吴蔚 [J]. 建筑创作, 2016.

[18] 王舒展, 王哲, 童佳旎. 专访 SOM 芝加哥地区总裁 Phillip[J]. 建筑创作, 2011.

[19] 晓欧. 专访 gmp 合伙人尼古劳斯·格茨 [J]. 建筑创作, 2016.

[20] 邢同和. 城市品位的标志——谈金茂大厦建筑设计 [J]. 建筑创作, 2001.

[21] 薛求理. 世界建筑在中国 [M]. 上海: 东方出版中心, 2010.

[22] 薛求理. 全球化冲击: 海外设计在中国 [M]. 上海: 同济大学出版社, 2006.

[23] 杨之懿, 孙哲. 城市发展进行时 [M]. 上海: 同济大学出版社, 2010.

[24] 杨之懿. 商业造城 [M]. 上海: 同济大学出版社, 2010.

[25] 俞挺. 地主杂谈 [M]. 北京: 清华大学出版社, 2014.

[26] 约翰波特曼三世. 中国 30 年: 一位建筑师 / 开发商的视角 [J]. CTBUH World Congress, 2012.

[27] 扎哈·哈迪德.SOHO 城总体规划 [J]. 世界建筑, 2006.

[28] 张为平. 荷兰看中国——MVRDV 的中国建筑师访谈 [J]. 城市建筑, 2009.

[29] 张远大, 袁烽. 垂直城市——上海摩天楼的发展历程及现象解读 [J]. 时代建筑, 2005.

[30] 钟中 .KPF 事务所设计风格的演变 [J]. 建筑科学, 2008.

[31] 朱剑飞. 批评的演化: 中国与西方的交流 [J]. 时代建筑, 2006.

[32] 朱剑飞. 中国建筑 60 年 [M]. 北京: 中国建筑工业出版社, 2009.

[33] 朱莹. 流动与固守的对话——RMJM、SOM、gmp 访谈录 [J]. 城市建筑, 2007.

流的空间：
开发大虹桥

....

在中国，大城市的火车站周边地区长期以来被贴以"人群混杂""治安较差"的标签。环绕火车站周边的业态也大多为较为低端的批发零售业。作为连接城乡差异的窗口地区，火车站把割裂的城市中国和乡村中国挤压在魔幻般的流动和碰撞中，也滋生出特有的中国式火车站周边风貌。例如，在原闸北区的上海火车站及其周边的"不夜城"板块，我们能够显而易见地感受到这种混杂，其直接后果就是导致"不夜城"板块的整体提升计划屡屡受挫。然而，高速铁路的出现使得"商务"这个词似乎第一次真正可以和铁路枢纽关联到一起。在全球范围内的经验表明，高速铁路有助于促进高度依赖于信息和人才的相关行业增长，并能够吸引商务活动进一步聚集在站点周边。自2007年4月的中国铁路第六次大提速中首次出现CRH（中国铁路高速的简称）以来，高速铁路在中国的发展仅仅十年，但它已经深刻地影响了人们的出行方式。尤其在长三角地区，网络状的高速铁路加速了区域一体化进程，使长三角两小时经济圈成为可能。人的流动、物资的流动、信息的流动、技术的流动因为高速铁路的发展而呈现出前所未有的广度和速度。

作为迄今世界上规模最大、功能最为复杂的空陆一体化交通大枢纽——虹桥综合交通枢纽，集民用航空、高速铁路、城际铁路、高速公路、汽车客运、地铁、公交等功能于一体，是一项举世瞩目的工程杰作，也把"大虹桥"概念推到了世人面前。虹桥综合交通枢纽的战略构想始于2005年，经过上海市政府和铁道部的共同商议，原规划七宝铁路客站北移，与原有虹桥机场一起合建综合交通枢纽。2006年上海市成立虹桥综合交通枢纽项目指挥部和上海申虹投资发展有限公司，开始全面推进虹桥综合交通枢纽的建设。虹桥综合交通枢纽工程从2006年开始建设至2010年基本建成，四年时间里完成了包括虹桥机场西航站楼、沪宁城际铁路、轨道交通站点、快速集散系统等在内的共计46个项目，总投资额近700亿元。虹桥综合交通枢纽的核心是虹桥高铁站和虹桥机场，两类区域交通方式均面向商务人群，便捷的交通和适宜的人群让建设商务区变得似乎是水到渠成，也让这块远离上海传统市中心的飞地被寄予了摆脱"环线效应"并且成长为全球性的关键性节点地区（Hub-nods）的厚望。"大虹桥"的设想饱含着雄心和希冀——环绕着世界级的综合交通枢纽（尤其是集成高速铁路和民用航空）有没有可能形成一个世界级的商务区呢？

"大虹桥"自诞生之初就被提到了和"大浦东"同样的高度，如果说"大浦东"（陆家嘴板块）是上海向外连接全球网络的重要载体，那"大虹桥"在规划之初就被赋予了上海向内辐射区域腹地的重任。作为"大虹桥"开发的核心载体，虹桥商务区也被定位为不仅服务于上海，更辐射整个长三角城市群的世界级商务区（现代服务业的集聚区、上海国际贸易中心建设的新平台、国内外企业总部和贸易机构的汇集地）。上海的"十二五"和"十三五"规划中都对虹桥商务区做出了明确的战略部署。"十二五"规划纲要提出"基本建成虹桥商务区核心区，着力打造上海国际贸易中心的新平台和长三角地区的高端商务中心"。"十三五"规划纲要提出"虹桥商务区要加强整体统筹管理和功能开发，促进高端商务、会展和交通功能融合发展，打造成为服务长三角、面向全国和全球的一流商务区"。即虹桥商务区是上海建设国际贸易中心的核心载体之一，需要承担引领长三角地区在世界级制造业基地的基础上进一步攀升并拥抱"工业4.0"时代的重要使命。

规划中的虹桥商务区东起外环高速公路S20，西至沈阳—海口高速公路G15，北起北京—上海高速公路G2，总占地面积86.6平方千米，涉及闵行、长宁、青浦、嘉定四个区，其中主功能区面积27平方千米，重点开发核心区4.7平方千米，其中包括1平方千米

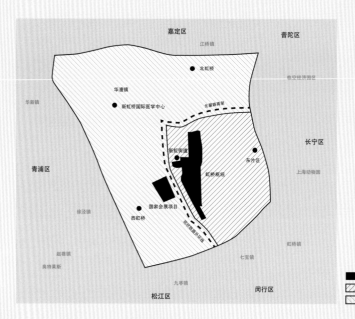

虹桥商务区功能区块示意图

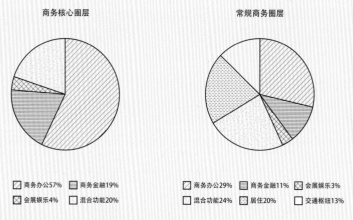

图 12 虹桥商务区功能区块示意图（吴文珂 绘制）

的国家会展中心用地。虹桥商务区核心区分为一期和南北片区两个阶段来开发，开发规模为地上约 500 万平方米，地下约 280 万平方米。

——虹桥商务区 [119]

虹桥商务区规划借鉴了国外高铁地区规划的实践，分为商务核心圈层（<1 千米）、常规商务圈层（1～5 千米）和功能拓展圈层（>5 千米） [120]。商务核心圈层以商务、商业功能为主，常规商务圈层以商务、商业、会议、会展、居住功能为主，功能拓展圈层是围绕交通枢纽的综合性新城开发地区。

一、另一种商务区

"中央商务区（CBD）"指的是城市中主要商务活动进行的地区，是以金融、商业、贸易、信息等产业为主的城市功能核心地区。作为中国最具影响力的中央商务区之一，小陆

119 参见虹桥商务区管委会网站。http://www.shhqcbd.gov.cn/html/shhq/portal/index/index.htm

120 郑德高，张晋庆. 高铁综合交通枢纽商务区规划研究——以上海虹桥枢纽与嘉兴南站地区规划为例 [J]. 规划师，2011，27（10）：34—38.

家嘴地区的开发在上海城市发展史上留下了浓墨重彩的一笔。在 20 世纪 90 年代初承载着上海"短期内恢复和发挥世界金融、贸易中心"重要使命的小陆家嘴地区，迫切地需要通过"高度"来彰显中国对外开放的姿态。极高的开发强度伴随着大量超高层建筑的云集，使小陆家嘴地区的开发深刻地改变了上海的天际线。受制于当时的政策导向、规划需求和技术水准的限制，小陆家嘴地区高强度的开发中存在一定的不足，继而引发了交通组织、城市界面、共享空间等系统性问题。交通问题上体现在过境交通与对外交通主通道重叠、核心区域对外交通联系不畅、越江交通流量分布不均、步行交通环境亟待改善；功能问题上体现在商业餐饮等配套比例过低、楼宇之间缺乏联系；公共空间问题体现在地面和地下的通道过少、现有中心绿地未能充分利用等方面。虽然在 20 多年的持续开发中经过多轮优化、改造，小陆家嘴地区仍然存在诸多不理想的地方。在上海新一轮总体规划中，中央活动区（CAZ）[121] 的概念取代了原先的中央商务区，办公、商业、休闲、文化的高度混合代表着主流的趋势。除了陆家嘴之外，上海市中心的其他几个重要的商务活动集中区（南京西路、淮海路、徐家汇等）都具备高强度、高混合的特征，核心商务区也同时是城市的核心商业区和休闲区。

经过了改革开放 40 年的上海，已经不再那么急切而强烈地需要"高度"，虹桥枢纽所代表的"速度"成了新的关键词。高速铁路意味着商务往来可以快速地发生在中心城市与腹地之间，以及中心城市与其他中心城市之间，这对于中国这个幅员辽阔的国家意义非凡。与陆家嘴所想要的跻身世界顶级金融贸易中心的姿态不同的是，虹桥商务区的角色更偏重于引领和服务长三角。同时，由于高度限制（虹桥机场周边限高 43 米左右），虹桥商务区显然不可能复制陆家嘴的摩天大楼模式，而需要更符合其区位条件、高度限制和功能定位的空间模式，而这甚至都无法对标或者借鉴，因为虹桥商务区基于的也是一个史无前例的超级交通枢纽。

受到高度限制的影响，虹桥商务区在开发强度上远低于陆家嘴等位于市中心的传统商务区（虹桥商务区一期 1.7 平方千米 /170 万平方米；陆家嘴 1.7 平方千米 /500 万平方米；巴黎德方斯 1.6 平方千米 /250 万平方米；新加坡城 1.5 平方千米 /350 万平方米）。相对于陆家嘴核心区高达 10 的容积率，虹桥商务区核心区出让地块的容积率大多控制在 1.5 ～ 4.0 之间，仅少数地块超过了 4.0。上海传统的楼宇型商务区大多位于 CAZ 内，以陆家嘴、南京路、淮海路和徐家汇为四大聚集区，而在 CAZ 外的商务区大多是规模较小的园区型或者综合体型，前者例如虹桥临空经济园区等，后者例如市北东方环球企业中心等。在传统的 CAZ 之外，再造一个规模较大的商务区，虹桥商务区具备天然的发展优势，一方面在于毗邻综合交通枢纽的交通优势，另一方面在于整个"大虹桥"以西充足的土地供应。

在城市设计阶段，虹桥商务区采取了国际方案征集的形式，邀请德国 SBA、英国 ATKINS、英国 TFP、美国 HOK 和澳大利亚 COX 五家境外优秀设计公司参加方案征集

图 13 五家公司的虹桥商务区城市设计方案 [122]

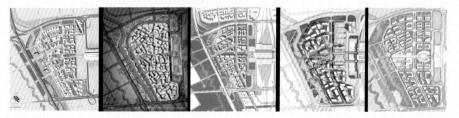

121 CAZ 是 CBD（中央商务区）的衍生，CAZ 指的是不仅包含金融以及商业服务业，还具有旅游休闲，购物消费，文化娱乐，体育健身为一体的大型商旅文活动集聚区。不仅拥有多样化，现代化的配套设施设备，还拥有便捷的城市交通和物流系统。

122 图片根据《上海虹桥商务区核心区城市设计（SBA）》整理。

工作。英国 ATKINS 方案的亮点在于对低碳设计理念的表达和对业态构成的研究，然而方案形态布局太过于偏重自然生长的概念；英国 TPF 方案形成了形式感很强的三条轴线和滨水街区，这是非常符合政府审美的城市意向，但相对来说，水街的可操作性较差；美国 HOK 方案的空间结构和功能分区清晰，核心区的连廊和地下交通处理较好，但建筑尺度存在问题，体量较大；澳大利亚 COX 方案强调塑造抢掠的视觉空间轴线，形成开敞空间体系，但是整体完成度不高且相对平庸。最终，德国 SBA 以相对深入的研究和"商务社区"的概念获得胜出。最后的城市设计方案在德国 SBA 优胜方案的基础上，由上海市城市规划设计研究院、德国 SBA、华东建筑设计院组成联合设计团队，进行偏实际操作层面的深化。虹桥商务区被定位为上海第一个功能合理、交通便利、空间宜人、生态和谐的低碳商务示范区，关键词落在了低碳节能和商务社区上。

在虹桥商务区的城市设计中充满了"低碳""慢行""共享""混合"等当下时髦的词汇和对陆家嘴"模式"（功能单一、尺度过大、配套缺乏、联系断裂）的批判性回应。虹桥商务区从空间布局上选择了高密度、低高度、小街坊、密路网的模式（道路网密度达到 10 千米／平方千米，街坊尺度 150 米 × 200 米左右，步行道间隔在 90~150 米之间），对于较宽的路面通过建筑贴线、增加绿化隔离带等措施减小空间尺度，使步行环境和共享空间得到了优化。在功能组合上强调混合开发、有机渗透的形式，核心区主体功能为商务办公，配套功能包括零售商业、文化娱乐、体育休闲、高端会议、精品展示、餐饮、酒店等，其中高、中档购物区沿主轴线布置，日常购物区结合商务办公，为该地区提供了充足且适宜的各类型各等级配套设施。核心区一期总开发规模约 170 万平方米，其中商务办公约占总量的 56%，酒店、公寓式酒店约占 18%，商业约占 12%。三维空间的功能布局，也体现了多元混合的特点。商务功能主要布置在地面 3 层以上，商业功能主要布置在地下 1 层至地上 3 层，休闲及其他配套功能则融合其中分层布置，在地下空间上采取了高强度、高联通的模式，营造了一个完美联通的地下城。在能源利用上强调了低碳节能，主要体现在区域能源的综合配置及雨水收集技术的应用，建筑要求全部按照国家《绿色建筑评价标准》进行设计、施工、运营，并采用新型建筑材料、外遮阳系统、屋顶绿化以及节水设备（如中水系统）、自然采光调控设施、智能能源管理设备，以减少整体运营中产生的资源浪费。

低碳节能：低碳节能主要在城市设计、交通组织和建筑三个维度体现。在城市设计上，多样性、可步行性等是关键，在交通组织上尽可能地鼓励公共交通和慢行交通、建设私车交通并提高其通过率，在建筑设计和施工上控制体型系数、增加外保温和外立面遮阳，促进自然通风和屋顶绿化等是比较主要的手法。目前，虹桥商务区核心区内的所有建筑已全部达到国家星级标准，其中二星以上绿色建筑占比高达 95%，三星级绿色建筑占比 50%，部分项目拥有中国绿色建筑及美国 LEED 双重认证。核心区一期 13 个地块项目中，8 个地块已获得 LEED 绿色建筑设计认证，认证面积约 101 万平方米，约占核心区一期楼宇建筑面积的 33%。商务区通过四大绿地公园、街头公共绿地以及屋顶绿化形成了优美的绿色环境，通过星级绿色建筑、区域集中供能等打造了名符其实的低碳商务区，被国家建设部评为国家绿色生态示范城区。

商务社区：商务社区需要的是个性化的建筑形象、人性化的高品质环境和便利的休闲设施，除了能够提供优美的办公环节和相对适宜的配套之外，成功的商务社区还需要具备充足的人气，尤其是夜间的活力。虹桥枢纽东侧开发较早的临空商务区就是一个典型的"昼夜波动大"的商务社区，临空商务区的商业配套主要服务于在商务区内办公的人群，工作日下班之后及节假日，整个临空商务区就变成了空城，潮汐式的早晚高峰也给交通带来了巨大的挑战，这似乎已经成为非市中心商务区的宿命。在商业运营方面，虹桥商务区吸取了此前临空商务区的教训，规划了相当比例的面向非本地就业人员的商业，以希望能够保持 24 小时的活力。虹桥商务区核心区一期全部为商办、商业用地，项目开发主要呈现为标准写字楼、商业综合体、星级酒店等；商务区南北片区则包括一定比例的商住用地，项目开发上除了标准写字楼和商业综合体之外，还出现了独栋办公、商办别墅、住宅等更多元化的形式。办公是商务社区最主要的功能类型，除此之外，商务区还需要商业、休闲、酒店、居住、公共服务等相关配套，合理的类型和比例有助于商务区健康的发展（核心区一期办公占比 73%，商业占比 10%，居住占比 8%，文化娱乐等占比 5%，酒店占比 3%，公共设施占比 1%）。对于虹桥商务区来说，商务区内和周边的住宅开发上的相对失调给未来的运营带来更大的挑战，如何吸引非本地工作居住的人在此集聚和活动，是摆在发展商面前的重要问题。

虹桥商务区核心区分为一期和南北片区两个阶段来开发。商务区一期的土地出让开始于 2010 年，在 2011 年全面结束。商务区南北片区的土地于 2012 年 7 月开始出让，至 2013 年 11 月结束。2010—2013 年之间，虹桥商务区共出让土地面积 131 万平方米，预计总建筑量 555 万平方米，总出让金额 433 亿元，其中密集出让的时间集中在 2011 年 3 月至 8 月、2012 年 7 月至 8 月、2013 年 5 月至 6 月、2013 年 10 月至 11 月，如此大规模的土地出让在不到四年的时间内完成。

2010 年 10 月 8 日，核心区一期 06 地块和 08 地块以招标的方式分别出让，拉开了虹桥商务开发的序幕。虹桥商务区核心区一期 06 地块由瑞安房地产有限公司竞得，基地总面积 62 299.4 平方米，楼板价 10 234 元／平方米。一期 06 地块是整个虹桥商务区中唯一一个与虹桥综合交通枢纽直接紧密相连的地块，其重要性可见一斑。06 地块被交给瑞安开发也是基于其在上海"新天地""创智天地""瑞虹新城"等项目上的出色开发、建设和管理经验。瑞安将 06 地块项目（虹桥天地 THE HUB）定位为集购物中心、新天地街区、演艺中心、酒店及办公等多种功能于一体的一站式新生活中心，所有物业由瑞安 100% 持有，以租赁模式运营。核心区一期 06 地块的设计由承担"新天地"设计的本杰明·伍德继续担纲，包括虹桥天地、虹桥新天地和演艺中心三部分。除了常规的餐饮、商务、购物、休闲等项目之外，容纳超过 1000 人的多功能演艺中心和"远程值机"服务是一期 06 地块运营中的两大亮点。一期 08 地块由上海现代建筑设计（集团）有限公司、上海虹桥商务区投资置业有限公司和上海地产（集团）有限公司联合竞得。该地块用于开发"虹桥绿谷"项目，由三家企业于 2010 年共同投资成立的上海合众地产开发有限公司负责开发、建设和运营管理。虹桥绿谷广场由七幢 7 ～ 9 层的高规格办公写字楼围绕两个峡谷（下沉式）商业广场构成，全部建筑面向街道中心，形成围而不合的布局。一期 08 地块在功能上呈现一个高品质总部办公小园的定位，七幢主体建筑地上地下均为高品质办公，而下沉式庭院则提供简餐、健身、宴请等不同需求的配套。

2011 年虹桥商务区以挂牌的方式出让了核心区一期的剩余 8 个地块（07—2 地块于 2012 年 8 月出让），受到房地产市场调控的影响，仅 04 地块和 09 地块在出让时产生溢价，溢价率分别为 20.79% 和 13.46%。核心区一期 01 号地块由台湾丽宝机构竞得；04 号地块由北京万通英睿投资管理有限公司和南昌雅园物业管理有限公司联合竞得；09 号地块由上海三湘股份有限公司和上海聚湘投资有限公司联合竞得；05 号地块由重庆龙湖地产发展有限公司和福运投资有限公司联合竞得；07—1 号地块由冠捷投资有限公司竞得；03 号地块南块由万科企业股份有限公司竞得；02 号地块由红星美凯龙家

图 14 虹桥商务区核心区土地出让情况

出让地块

公共绿地

水　域

1 核心区一期出让地块情况

1-01	台湾丽宝机构
1-02	上海虹源盛世投资发展有限公司
1-03 北	上海金臣、汕头联美集团
1-30 南	上海万狮置业有限公司
1-04	北京万通、青岛新地集团
1-05	重庆龙湖地产
1-06	香港瑞安房地产
1-07-1	嘉捷房地产开发有限公司
1-07-2	上海兆德置业有限公司
1-08	上海众合地产开发有限公司
1-09	上海三湘地产

2 北片区出让地块情况

2-01	中骏置业
2-02	旭安（香港）有限公司
2-03	中骏置业有限公司
2-04	旭安（香港）有限公司
2-05	上海极富房地产开发有限公司
2-06	上海极富房地产开发有限公司
2-07	北京传富控股有限公司
2-08	上海新长宁（集团）有限公司
2-09	新华联不动产股份有限公司
2-11	上海万树置业有限公司
2-12	上海协信远定房地产开发有限公司
2-13	正荣集团有限公司

3 南片区出让地块情况

3-01	经纬置地有限公司
3-02	上海宝创置业有限公司
3-03	经纬置地有限公司
3-04	经纬置地有限公司
3-05	上海隆视投资

居集团股份有限公司、深圳市盛世万象投资管理有限公司和沈阳首源投资管理有限公司联合竞得；03 号地块北块由汕头市联美投资（集团）有限公司和上海金臣房地产发展有限公司联合竞得。虹桥商务区一期的开发再次印证了"中国速度"，至 2012 年 12 月核心区一期 05 地块龙湖虹桥天街举行开工仪式，标志着虹桥商务区核心区一期地块社会投资项目已全部开工建设。紧接着 2012—2013 年之间，虹桥商务区核心区南北片区也开始出让土地，至 2013 年 11 月全部出让完毕，最后的核心区北片区 01、03 号地块和 02、04 号地块出让时均以接近底价成交，宣告了虹桥商务区核心区进入开发的下一个阶段。

上海的商务办公区所呈现出来的国际化风貌离不开此前的发展商和投资商。在上海早先的虹桥开发区、淮海路—南京路—人民广场、陆家嘴等城市重要的商务办公区，主要都是中国香港及新加坡、日本的外资发展商运营，而较少有国内发展商能够参与其中，例如开发上海国际金融中心的香港新鸿基集团、开发上海环球金融中心的日本森大厦株式会社、开发龙之梦的凯德置业，等等。国际化的发展商团体带来了相对一致的国际化审美，因而代表着高端和格调的国际化风格伴随着发展商们所青睐的设计企业一起重复着"全球城市"应该有的"范儿"。与老牌商务办公区截然不同的是，除了瑞安、丽宝等少数港台企业外，参与虹桥商务区建设的主要都是国内发展商，包括上海地产、新长宁集团等国企地产公司和万科、龙湖等民企地产公司。除此之外，还有一些地块由冠捷、宝业等企业竞得，以满足自身的商务办公需求。

虹桥商务区如此大规模、大比例地引入国内发展商参与商办用地的开发，在上海商务办公区建设历史中堪称首例，因而虹桥商务区实质上也是很多国内发展商进入上海商办市场的一个跳板，无论是对于这些发展商还是对于虹桥商务区来说，都堪称一场豪赌。对于大量试图借力虹桥商务区首次进入上海商办市场的发展商来说，诸如 Aedas、NBBJ 等外资商业设计公司成为主流的选择，这些外资商业设计公司在商办项目上相对丰富的经验能够有效的弥补发展商在此项的不足。

虹桥商务区核心区规划 1.7 平方公里，然而土地出让仅在 2010—2013 年内就全部完成，所有项目密集开工，这是非常典型的中国式新区开发——以非精细化的项目运作和超前建设的基础设施来碰撞这个地区的未来。在这样一个严格限制高度并且有细致的设计导则的城市片区，近 550 万平方米的商办建筑几乎同时上市，对于发展商来说这毫无疑问是一个充分竞争的市场，但这种竞争似乎又已经与建筑本身毫无关系。建筑之于虹桥商务区的价值可能仅仅在于在设定好的限高、风貌、环保等框架内完成一个躯壳而已。这个躯壳需要成熟且妥当的内部组织，以及张扬而夺目的外部呈现，最终一切建筑的形式都服从于资本在生产和消费循环中对于空间的再现。正如列斐伏尔所言："消费主义的逻辑成了社会运用空间的逻辑，成了日常生活的逻辑。控制生产的群体也控制着空间的生产，并进而控制着社会关系的再生产。"[123] 对于发展商来说，不同地块项目的竞争基于拿地价格、项目定位、操盘经验、招商能力，以及一切消费主义的规律，而这些在资本市场发生的活动都似乎与建筑本体毫无关系，他们所需要的只是没有场所精神而仅服从于功能的建筑，且能够以工业化的方式被快速生产出来。这是商业设计公司的规则，正如库哈斯在访谈中所描述的那样，"大量美国建筑事务所在众多城市产生了累积性的负面影响，他们强加以重复性作品，这些美国式的建筑对当地文脉置若罔闻，让城市很难消化。"[124] 同时，服从于资本市场规则的建筑设计必须直白化和图像化，一条龙、一个门或者一朵花的形状有助于在 30 个项目中争取到公众的关注点和记忆点，这是至高无上的设计概念。

123 包亚明·后大都市与文化研究 [M]. 上海：上海教育出版社，2005.

124 谜题与追诉：扎哈的人生选择，库哈斯采访部分，AC 建筑创作，2015（5）.

表 5 虹桥商务区核心区土地出让及项目开发信息汇总（根据相关信息整理）

	土地名称	种类	地块面积（万平方米）	类型	楼板价（元／平方米）	总建筑量（万平方米）	容积率	发展商
核心区一期	01 地块	挂牌	4.53	商办	9945	23.35	2.7	丽宝房地产开发有限公司
	02 地块	招标	9.21	商办	7396	54.1	2.6（北）2.9（南）	上海虹源盛世投资发展有限公司
	03 北地块	招标	5.13	商办	10 310	35.58	2.2（东）3.2（西）	上海金臣投资有限公司 + 联美（中国）投资有限公司
	03 南地块	招标	3.22	商业	10 221	19.6	3.2	上海万狮置业有限公司
	04 地块	挂牌	2.79	商办	14 067	8.1	3.7	北京万通地产股份有限公司 + 青岛新地集团有限公司
	05 地块	招标	7.88	商办	9234	43.5	3.3（北）2.8（南）	龙湖地产
	06 地块	招标	6.2	商办	10 234	38	3.7（北）3.6（南）	瑞安房地产有限公司
	07-1 地块	招标	0.82	商业	8018	4.26	2.3	嘉捷房地产开发有限公司
	07-2 地块	挂牌	1.55	商业	11 105	10.43	2.3	上海兆德置业有限公司
	08 地块	招标	4.37	商办	7164	25.35	2.2	上海众合地产开发有限公司
	09 地块	挂牌	1.5	商业	16 608	6.7	1.4（北）0.6（南）	上海湘虹置业有限公司
核心区北片区	01、03 地块	挂牌	10.05	商办	12 716	44.75	2.8（综合）	中骏置业
	02、04 地块	挂牌	8.5	商住	13 314	24	2.0（综合）	恒基兆业地产有限公司 + 旭辉集团
	05 地块	挂牌	4.97	办公	11 337	22.97	2.8	广州富力地产股份有限公司
	06 地块	挂牌	5.67	商住	19 089	18.19	1.9(住宅) 2.5(商办)	广州富力地产股份有限公司
	07 地块	挂牌	2.56	商办	17 459	13.64	4	北京传富控股有限公司
	08 地块	挂牌	4.39	商住	19 523	13.64	1.9	上海新长宁（集团）有限公司
	09 地块	挂牌	9.09	商办	12 027	29	1.6（综合）	新华联不动产股份有限公司
	11 地块	挂牌	11.29	商住	11 395	24.61	1.6（综合）	上海万树置业有限公司
	12 地块	挂牌	4.55	商业	11 482	22.56	1.8（北）2.1（南）	协信集团
	13 地块	挂牌	4.39	商业	16 997	16	2.1（北）1.8（南）	正荣集团
核心区南片区	01 地块	挂牌	1.91	办公	15 192	8.6	1.8	经纬置地有限公司
	02 地块	挂牌	0.81	办公	10 800	2.55	1.6	宝业集团股份有限公司
	03 地块	挂牌	1.7	商业	13 999	8.4	2.1	经纬置地有限公司
	04 地块	挂牌	4.95	商业	20 371	17	1.2	经纬置地有限公司
	05 地块	挂牌	1.58	办公	10 800	6.1	1.6	北京华实海隆石油投资有限公司 + 乐视控股（北京）有限公司

二、资本、传媒与当下的建筑学

当下的建筑学沉浸在一种焦虑中，平面与表皮剥离之后，成熟的商业建筑设计公司越来越陷入一种套路式的重复，建筑设计已然变成了可以标准化生产的流水线。这本应当让他们为之欢呼，但在当下却让他们陷入焦虑，因为建筑学正在失去它的重要性。人类社会进入了消费时代，商品以前所未有的速度生产与流通，资本循环往复地参与

成交日期	项目名称	设计方	项目类型
2011/3/18	丽宝广场	—	商务办公、商业休闲综合体
2011/8/30	虹源盛世国际文化城	上海现代华盖 + 德国 gmp	甲级写字楼、企业总部、星级酒店、商业休闲
2011/11/15	金臣联美虹桥汇	ＢＤＰ、Ｐ＆Ｔ、Benoy、Aecom、中船九院	商务办公、企业总部、商业休闲综合体
2011/11/15	万科中心	NBBJ	超甲级写字楼、商业休闲
2011/3/31	万通新地中心	Foster+Partners	超甲级写字楼、商业会展
2011/8/3	虹桥天街	Aedas	商业休闲、精品酒店、办公
2010/10/8	虹桥天地	本杰明·伍德事务所	办公、休闲购物商业体
2011/8/5	冠捷科技总部		企业总部
2012/8/1	兆承凯悦酒店	美国 WATG 设计公司	酒店及精选服务式公寓、办公商业综合体
2010/10/8	虹桥绿谷	华东院	高规格办公写字楼
2011/4/27	三湘广场	—	商务、休闲、办公综合体
2013/11/8	中骏广场	Aedas	5A 甲级标准办公，企业总部
2013/11/8	恒基·旭辉中心	日清	住宅、办公及商业
2013/5/29	富力·虹桥十号	—	住宅、商务办公
2013/6/8	富力·虹桥十号	—	住宅、商务办公
2013/10/10	阿里巴巴总部	—	商务办公
2013/6/8	新长宁·虹桥 8 号	—	住宅、商务办公
2013/6/6	新华联国际中心	—	商墅、甲级办公、索菲特大酒店、国际会议中心、商业
2012/8/1	万科时一区	上海原构	花园洋房及国际公寓、办公、商业
2012/8/22	协信中心	Aedas (星光商业部分)、MVRDV (写字楼)	企业总部、商业文化展示中心
2013/10/11	虹桥·正荣中心	Aedas	办公
2013/6/26	经纬·博览汇	—	商务办公
2012/8/1	宝业中心	零壹城市	企业总部
2013/6/26	经纬·博览汇	—	商业服务
2013/1/23	经纬·博览汇	—	商务办公
2013/3/21	隆视广场	Gensler	企业总部

社会化生产和社会关系的再生产过程，也使得建筑沦为资本的生产消费品的工具乃至消费品本身。资本以获得最大的利益为天性，所有对奇观和标志的追求在本质上都是为了促进消费。在这里，消费的定义已经不只是为了满足物质性的欲望，而是维持社会运作和建构社会关系的重要环节。

移动互联网和新型媒体正在以肉眼可见的速度改变当下的中国，移动支付、共享单车、社交媒体等的拓展速度都超过了西方国家，这得益于庞大的人口基数和消费市场。技术进步不再能够直接作用于建筑学，而是通过延展建筑的形态可能和传播路径，让大都市里的建筑成了资本盛宴上的一道开胃菜。建筑开始需要服从两种审美取向，一种是"COOL"，从中世纪的大教堂到现代早期的摩天楼，有一部分建筑天然的承担着表现资本和权利的工具，在当下延伸为利于参数化技术实现的极尽复杂的表皮，以及炫酷到近似于扩大了数量级的雕塑作品的形体；另一种是"ICON"，在消费社会的飞速地生产、流通、成熟、淘汰的循环中，建筑也需要适应这种消费品化的过程，并在信息泛滥中吸引眼球。

MVRDV 是其中的佼佼者，他们擅长堆叠、拼贴以及像素化，从数据转译积累起来的 MVRDV 已经能够轻松地创造出一类颇具"ICON"效应的建筑，尽管他们的设计流程已经开始标准化。他们在小镇斯海恩德尔的玻璃农场是其中的一个典型案例——一个玻璃覆盖的钢结构建筑借助于图像技术建造，幻象与真实依托 photoshop 技术完美地再现了整个小镇。在虹桥商务区核心区开发中，"花瓣楼"由荷兰 MVRDV 操刀设计，他们一贯擅长的符号化的设计手法和凝练技巧是使他们获得发展商青睐的重要理由。在设计阶段的"花瓣楼"轻盈灵动并且优雅理性，但是遗憾的是，粗糙的施工质量让小尺度的细节尽失，即使经过美化的摄影图片也难以掩饰其浓郁的厚重感和粗砺感。然而就在本章写作的同时，MVRDV 在中国的另外一个建筑作品——天津滨海图书馆刷爆了中国的社交媒体，这是一个以"天津之眼"为噱头的典型奇观建筑。读者弯曲、蹲地等各种姿态的照片打破了原本天津之眼"卖家秀"似的纯净，"买家秀"引发了圈内圈外围观群众狂欢式的批判。人们吐槽"天津之眼"无法取到上方书本的虚假式设计，虽然那些书本只是 MVRDV 利用 Photoshop 做出来的图像而已，但这一次社交媒体拒绝接受这种幻灭中呈现的真实。传媒和图像正在深刻地影响这个时代，建筑领域当然无法幸免，MVRDV 所擅长的"数据景象"和"图像主义"无意间转而成为社交媒体批判他们的工具。

上一代建筑师可能没有想到，图像时代的大众媒体已经成为建筑传播的主流途径。当下的建筑师似乎已经可以绕过专业媒体，仅仅通过电视节目、大众杂志以及自媒体等征服大众，虽然他们往往被调侃为"网红"，以彰显正统专业媒体捧红的"明星"建筑师的蓝血身份。部分建筑师们开始变得和娱乐圈明星一样，深度融入消费社会的规则，既需要维持"炫酷"来为作品站台，又需要适度"亲民"以保持人气。马岩松拍摄方太油烟机广告是一个典型的代表，而当下火爆的《梦想改造家》《漂亮的房子》等电视节目则提供了建筑师参加真人秀节目的平台，日本建筑师青山周平开始通过其在节目中的作品，还通过其温柔帅气的形象征服大众。

大虹桥开发中的宝业中心是不能被忽视的有趣案例。它是整个虹桥商务区唯一一幢由国内独立青年建筑事务所设计的建筑，项目主设计师、零壹城市建筑事务所的创始人阮昊，在 2012 年开始宝业中心的设计工作时还不到 30 岁。零壹城市是借助媒体和网络成长起来的事务所的典型代表，与他们的前辈完全不同，这也许代表了新生代建筑师的成长方式。与上一代明星建筑师更需要依赖专业的杂志和展览来获取曝光度的方式完全不一样的是，新生代的明星建筑师彻底地"摒弃"了工匠思维，他们已经非常懂得传媒和资本运行的规律，并且甚至能更敏锐地抓住一些非建筑的增长点。在某种意义上来说，他们已经不是传统的建筑师，从社会运行的角色上来看，他们与那些活跃在资本圈、科技圈的同龄人并没有什么两样。

三、大都市的本质：流动

我们已习以为常地认为生物进化就是进步。然而我们现在却发现在进化之链中，越是高级的生物，就是要把越多的能量从有效状态转化为无效状态。进化过程中，越是新的种类就越复杂，它转化有效能量的能力就越强。然而真正让我们难以接受的，是意识到进化之链中越是高级的生物，它的能量流通就越大，它给宇宙带来的混乱也就越大。

——《熵：一种新的世界观》[125]

20 世纪末，伴随着"距离的终结""网络社会的崛起"等讨论，"流空间"[126] 的概念被推到了台前。"流空间"顾名思义是"流"的空间。"流空间"的概念与吉迪恩在讨论由建筑师波罗米尼设计的圣卡罗大教堂时提出的"流动空间"不同。根据著名城市社会学者曼纽尔·卡斯特的定义，空间逻辑正在分化成为两种不同的形式[127]，即"流空间"和"场所空间"。"流空间"包括：(1) 技术性基础设施网络，如通讯、运输线路等；(2) 节点和枢纽构成的网络，如机场、车站、大学、金融街等；(3) 管理精英的工作居住休闲网络；(4) 电子空间。"流空间"即为人流、物流、信息流、技术流、资本流等所形成的空间。通信技术和互联网络的发展使得人们对于空间的认识突破了地理学上"地方""距离""时间"上的限制，也使得资本、信息、技术在全球范围内的流动更加快捷和频繁，而长距离交通的技术进步和价格调整也使得人流和物流能够进一步突破距离的限制。这些进步并没有消灭物理空间的城市，相反，世界上越来越多的人口聚集在大都市及大都市周边的连绵区，"流空间"和"场所空间"的相互作用不仅没有改变大都市存在的基础逻辑，反而深刻地影响了大都市的组织形式。新的空间逻辑打破了原先关于恒定的、一元的、物质的空间认知，而进一步将空间与社会关系相结合。我

125　[美]杰里米·里夫金，特德·霍华德（著）.吕明．熵：一种新的世界观 [M]．袁舟（译).上海：上海译文出版社，1987.

126　流空间是围绕人流、物流、资金流、技术流和信息流等要素流动而建立起来的空间。

127　[英]曼纽尔·卡斯特（著).信息时代三部曲：经济、社会与文化 [M]．夏铸九、王志弘（译).北京：社会科学文献出版社，2003.

图 15 "流空间"概念图解

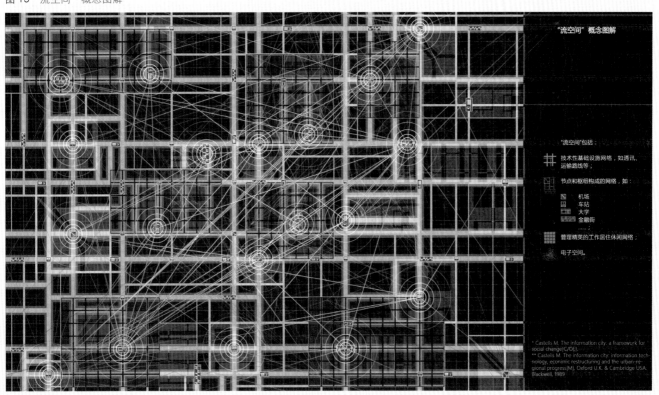

们能够感知到的空间是"场所空间"和场所化了的"流空间"的总和，即"场所空间"和场所化了的"流空间"形成了一个时空连续体。

流动是人类社会的宿命，人类自进入现代以来的每次科技革命和技术进步本质上都在促进流动。城市是"流空间"和"场所空间"相互交流而产生的结果，是高度发育的"流空间"网络的枢纽和节点的集聚区。城市横跨物理世界与虚拟世界，其实质上建立在由光纤、通信设施、交通线路等构成的技术性基础设施，以及由交通场站、研究机构、办公场所、消费场所等构成的枢纽和节点，以及两者之间所形成的拓扑关系的基础上。其中，"流空间"包括为物理联系服务的道路交通网络、航空联系网络、水运联系网络等，以及为虚拟联系服务的信息基础设施网络、通信基础设施网络、跨国企业和生产性服务业网络，等等；而"场所空间"则是一个从前现代一直延伸至今的概念，它基于"物理临近性"而存在。

城市在前现代时期是一个人类历史、文化、物质的凝聚空间，正如芒福德在概括古代的城市时用到了"社会活动的剧场"的概念，"至于所有其他的东西，包括艺术、政治、教育、商业，都是让这个社会戏剧更具有影响力的精心设计的舞台。"[128] 前现代时期的城市是一个典型的"场所空间"。现代性对城市最深刻的影响就是时间和空间的分离，继而将"流空间"折入了"场所空间"，这一变化促成了 20 世纪以来全球范围内的人口迁移并彻底地影响了这个星球的人口分布版图，全球化只是这个空前的流动进程的一个缩影。虚拟联系的出现使得城市作为唯一的"社会活动的剧场"的职能被颠覆，互联网的出现创造了另一重空间的可能，然而这个虚拟空间并不如人们所设想的那般扁平化，相反，它只是社会组织和政治表达的另一种投射，在虚拟网络中也有着纷繁的节点和枢纽，而它们往往和物理空间上的节点和枢纽相重合。

大都市的躯壳诞生于前现代时期的反映社会活动和交往的"场所空间"中，政治、资本和文化价值促使了"流空间"的运作和生发，"场所空间"和"流空间"两者深度地融合渗透而形成了今天的大都市地区。我们的当代建筑中有少部分服务于"流空间"，而大部分则仅仅服务于"场所空间"，我们所见到的种种冲突便来源于建筑呈现与空间实质的某种断裂。建筑学犹如一艘缓慢行驶在时代海洋中的潜艇，大部分仍沉没在静默的水底——"场所空间"中对于永恒性与纪念性的追求，而一少部分已浮出水面——"流空间"规则中对于人与物、信息与知识、资本与文化等的流动效率和秩序的需求。在这样的视角下，建筑学似乎已然落后于我们时代的其他科学和技术进步。

现代建筑诞生于工业化时代，第二次科技革命催生了我们现在能够见到的绝大部分城市建筑。第三次科技革命以信息技术和新型通信为主要表征，开始于 20 世纪中后期，而伴随着深度学习和人工智能的日益进展，第四次科技革命也在不久的将来蓄势待发，一向滞后的建筑学似乎仍然停留在现代建筑大师们所创造的时代。数字化技术改变了一部分建筑的轮廓和技艺，同时释放了建筑在"形态"上的拓展空间，但这种浮于"形态"上的拓展越来越让人失望，除了夸张的表皮用来彰显浪费、倾销、炫酷、异质等种种资本主义的面孔之外，建筑学在此时此刻丧失了它过去所追求的精神，并且远远没有找到当代的精神。

剥离掉现代主义、后现代主义的种种面孔之后，我们不得不重新思考建筑和城市的未来，而这个答案可能就来自流动。建筑学未来的颠覆将来自于真正的以"流空间"逻辑建造的建筑，这可能是另外一种"形式追随功能"的表征。在当代建筑中，虹桥综合交通枢纽就是一个完全服务于"流空间"的建筑，它也势必会成为大都市多中心结构中

128 [美]刘易斯·芒福德(著).城市发展史:起源、演变和前景 [M]. 倪文彦，宋俊岭（译）.北京：中国建筑工业出版社，1989.

的关键节点，而大都市中错综复杂的快速路与轨道交通系统也是典型的"流空间"建筑，只是其过于庞大以至于超脱了建筑师与评论家的工作范围。

然而，"流空间"的建筑远不止于此，不只是这种表征物理联系的技术性基础设施，大都市中大多数重要建筑都是虚拟联系和物理联系的枢纽和节点，即场所化了的"流空间"。例如，虹桥商务区是生产性服务网络的一个重要的专业化节点，而它也正是这种场所化了的"流空间"的典型。它的功能组织和空间形式绝不应当按照现代主义的一元空间规则而构建，这才是建筑学面向未来的方向。

"流空间"和"场所空间"的融合和分异正在改变我们的城市，而当前的建筑学对此漠不关心。举例说明，我们可以在传统街道的迅速消亡以及综合体和地下空间的兴起中看到一丝线索。街道正在以肉眼可见的速度消失，尤其是沿着交通性道路的商铺正在飞速地被综合体所取代，而地下空间则是取代街道的另外一种方式，这是"流空间"与"场所空间"分异的一种典型表征。在虹桥枢纽地区，人们可以在完全不需要感知地表空间的前提下，从虹桥机场到达虹桥高铁站，以及周边的虹桥天地、虹桥天街等商业商务建筑。

当代建筑学仍然沉浸在对街道复杂的怀旧情绪中，而未能知晓其中必将消失的和必将沿承的两种内核。"流空间"的核心逻辑是通过技术支撑更高效的、理性地流动，从人们选择小汽车的那一刻开始，街道的"流空间"属性就已开始将"场所空间"属性远远甩开。然而，街道这种传统的"场所空间"虽然已经被新的形式所取代，但支撑其的内核并未消失——人依赖于其步行尺度上的感知。可步行性不止是一个建筑学范畴，而是社会学范畴的概念，人们始终会感知到其步行可达的具有物理临近性的"场所空间"，因而场所本身并不会消失，这是城市活力的根基。街道中沿承下来的"场所空间"属性，形成了由空调系统支撑的室内和地下交往空间，或者是相对封闭的步行街区。在这个意义上，虹桥天地和新天地在本质上没有区别[129]。

在物理联系中街道的社会交往属性将与其交通功能彻底剥离，更激进地来说，城市空间也会因为其"流空间"的属性差异而发生解构。"流空间"在大都市之间的关联网络呈现为地表、地下以及空中的高速、航空、铁路、公路、光纤、通信等网络系统，而在大都市中则分为网络本体和网络节点两类空间。其中，网络本体包括虚拟联系的网络和物理联系的网络，而网络节点则呈现出"流空间"所映射的"场所空间"的特征，例如以轨道交通站点为中心的大型综合体，这也是库哈斯理论中只有"大"才能面向未来都市的原因。在大量的讨论里，学者们都表达了对小汽车交通的忧心，理由是它们已经并且正在消灭人性化的城市空间。然而个体的机动性是人类不可逆的向往，并不会被任何怀旧情绪所左右，即便是在本章写作的同时，小汽车交通正在发生一系列的科技进步，从充电到无人驾驶，未来都必然深刻地影响大都市中"流"的组织形式，而"流"的效率也会决定未来大都市的规模和景观。

不过幸运的是，受到人类感知能力的限制，在他们能够进化出猎豹般敏捷的肢体之前，"场所空间"仍然被有限的"步行"范围所定义，我们仍然可以为场所化了的"流空间"建构场所。从服务于马车和人的街道，到大型综合体和地下空间中被空调技术支撑的室内空间，即使"场所空间"的形式发生了颠覆，其内核还是对日常交往和公共活动的凝聚。

129 虹桥天地是一个室内综合体，而新天地则是一个封闭步行街区。

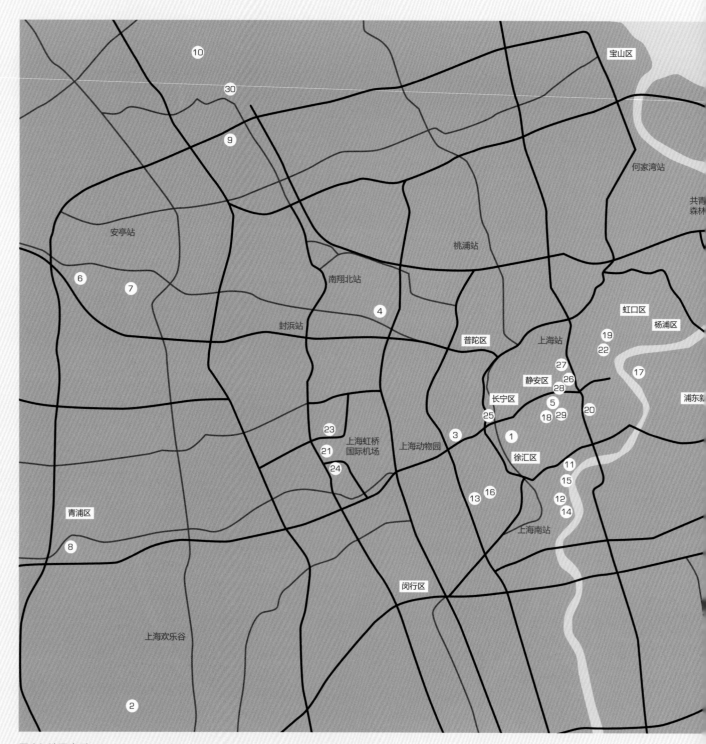

图 16 地图索引

上海新建筑
Shanghai Contemporary Architecture
2013—2018

参考文献

[1] Castells M. The informational city: a framework for social change[C/OL].

[2] Castells M. The information city: information technology, economic restructuring and the urban-regional progress [M]. Oxford U K & Cambridge USA: Blackwell, 1989.

[3] Castells M. 网络社会的崛起 [M]. 王志弘（译）. 北京：社会科学文献出版社，2006.

[4] Kitchin R M. Cyberspace: The World in the Wires [M]. Chichester, UK: John Wiley and Sons,1998.

[5] Michael Pacione. Urban Geogeraphy, 2005.

[6] Peter J Taylor, Michael Hoyler, Raf Verbruggen.External Urban Relational Process: Introducing Central Flow Theory to Complement Central Place Theory [J]. Urban Studies, 2010.

[7] [美] 爱德华·格莱泽（著）. 城市的胜利：城市如何让我们变得更加富有、智慧、绿色、健康和幸福 [M]. 刘润泉（译）. 上海：上海社会科学院出版社，2012.

[8] [美] 杰里米·里夫金, 特德. 霍华德（著）. 熵：一种新的世界观 [M]. 吕明,袁舟（译）. 上海：上海译文出版社，1987.

[9] [英] 曼纽尔·卡斯特（著）. 信息时代三部曲：经济、社会与文化 [M]. 夏铸九, 王志弘（译）. 北京：社会科学文献出版社，2003.

[10] [美] 刘易斯·芒福德（著）. 城市发展史：起源、演变和前景 [M]. 倪文彦, 宋俊岭（译）. 北京：中国建筑工业出版社 1989.

[11] [法] 勒·柯布西耶. 走向新建筑 [M]. 陈志华（译）. 西安：陕西师范大学出版社，2004.

[12] [美] 肯尼斯·弗兰姆普墩（著）. 现代建筑：一部批判的历史 [M]. 张钦楠（译）. 北京：三联书店，2004.

[13] [美] 肯尼斯.弗兰姆普敦（著）. 20世纪建筑学的演变 [M]. 张钦楠（译）. 北京：中国建筑工业出版社，2007.

[14] 包亚明. 后大都市与文化研究 [M]. 上海：上海教育出版社，2005.

[15] 长宁. 虹桥商务区：打造世界级绿色 CBD[J]. 上海节能，2016 (02)：85.

[16] 邓波. 从上海城市发展史看"大虹桥"战略的意义 [J]. 工程研究——跨学科视野中的工程，2011, 3 (02)：132—148.

[17] 董超, 李正风. 信息时代的空间观念——对流空间概念的反思与拓展 [J]. 自然辩证法研究，2014, 30 (02)：59—63.

[18] 高鑫, 修春亮, 魏冶. 城市地理学的"流空间"视角及其中国化研究 [J]. 人文地理，2012, 27 (04)：32—36, 160.

[19] 虹桥商务区管委会网站 http://www.shhqcbd.gov.cn/html/shhq/portal/index/index.htm

[20]《虹桥商务区核心区（一期）城市设计》（草案）[J]. 上海城市规划，2010 (01)：29—36.

[21] 林华, 訾海波. 低碳高效的综合商务区规划实践探讨——以虹桥商务区规划为例 [J]. 上海城市规划，2012 (02)：94—98.

[22] 刘智伟. 虹桥模式——上海虹桥商务区核心区 I 期发展特点剖析 [J]. 上海建设科技，2016 (06)：9—13.

[23] 谜题与追诉：扎哈的人生选择，库哈斯采访部分，AC 建筑创作，2015 (5).

[24] 沈丽珍. 流动空间 [M]. 南京：东南大学出版社，2010.

[25] 张敏, 熊帼. 基于日常生活的消费空间生产：一个消费空间的文化研究框架 [J]. 人文地理，2013, 28 (02)：38—44.

[26] 甄峰, 翟青, 陈刚, 沈丽珍. 信息时代移动社会理论构建与城市地理研究 [J]. 地理研究，2012, 31 (02)：197—206.

[27] 郑德高, 张晋庆. 高铁综合交通枢纽商务区规划研究——以上海虹桥枢纽与嘉兴南站地区规划为例 [J]. 规划师，2011, 27 (10)：34—38.

[28] 朱竑, 钱俊希, 封丹. 空间象征性意义的研究进展与启示 [J]. 地理科学进展，2010, 29 (06)：643—648.

邬达克上海老建筑改造
THE Columbia Circle—Villa Renovation

项目地点 / 上海市长宁区新华路
项目规模 / 447 平方米
设计单位 / 上海旭可建筑设计有限公司
主设计师 / 刘可南、张旭
完成时间 / 2016
摄影 / 苏圣亮

■ 总平面图

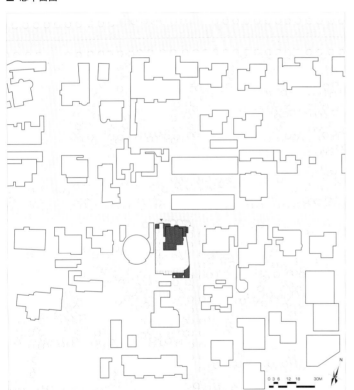

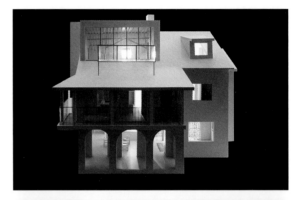

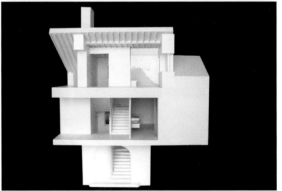

本项目所在街区在上海又称"外国弄堂"，是上海长宁区新华路 211 弄和 329 弄的一片
高级住宅区，旧称哥伦比亚圈。原设计者为匈牙利建筑师邬达克。

20 世纪 20 年代，是邬达克职业生涯的黄金时期，也是项目第一期建成的时期。他展
示了高超的风格驾驭能力，在该地块中他一共设计了 13 种不同的别墅风格。本建筑位
于新华路 231 号地块，设计之初为西班牙殖民地风格。

哥伦比亚圈的建设并没有按设计完成。在近 100 年的历史中，剩余的土地被新型的多层社会住宅占据。形成了空间类型和社会阶层均相对混合的社区。而 231 地块别墅，也因在本世纪初曾经容纳了 13 户人家，而使其空间结构发生了不可逆的改变。

无论内外，项目都需要建筑师从当下的情况出发开始设计，而不能简单的恢复和保护。在功能的布置上，设计回应周边相对复杂的城市环境，通过打开屋顶的处理，将三层阁楼面对天空的潜在公共性激发出来。三层阁楼层和一层地面层布置起居室、茶室等公共空间，而二层相对私密，布置了卧室。

阁楼打开一半，形成两个性格迥异的空间——一个低矮、温暖、木质的功能空间和一个高耸、冷峻、白色抽象的精神空间。在白色的精神空间中，设计植入了跳动的木结构梁和柱，为原有老虎窗结构的一部分转译和再现，在分割上阳台的流线的同时，也给予空间重心。

设计中楼梯间作为嵌入具体环境的空间装置，本身也是一个独立的小建筑：有自己的城市姿态、立面表情和材料做法。楼梯的城市姿态每层都各有不同：一层正面面对客厅打开接迎客人，入口处平面上的曲线处理将踏步甩到客厅地面上，如一卷地毯滚落于地；二层是私密区域，通过一个低于视高的开口挑拨一墙之隔的更衣间私密空间；三层是进入屋顶下的公共空间，侧面采用开口随高度逐渐变大的实木屏风隔绝视线，以保证三层卫生间的私密性。

■ 剖面图

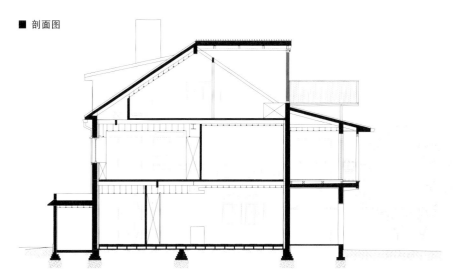

① 幺关
② 餐厅
③ 客厅
④ 厨房
⑤ 客房
⑥ 酒窖
⑦ 储藏
⑧ 室外平台
⑨ 花廊
⑩ 佣人房
⑪ 设备间
⑫ 卧室
⑬ 衣帽间
⑭ 阳光房
⑮ 工作室
⑯ 露台

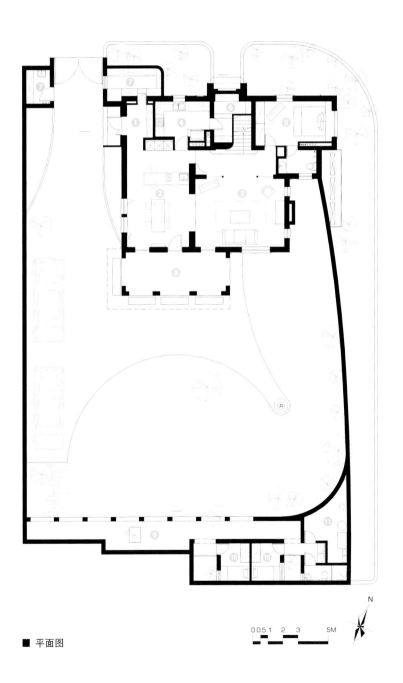

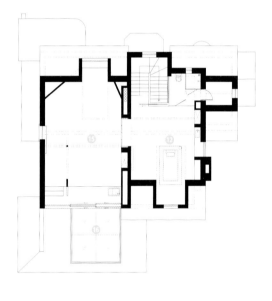

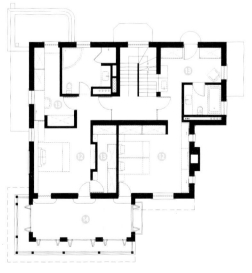

■ 平面图

0 0.5 1 2 3   5M

N

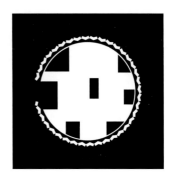

八分园
Eight Tenths Garden

项目地点 / 上海市嘉定区嘉怡路
项目规模 / 2000 平方米
委托方 / 八分园
设计单位 / Wutopia Lab 事务所
主设计师 / 俞挺
完成时间 / 2016
摄影 / CreatAR Images 工作室

■ 一层总平面图

八分园坐落在上海市嘉定区海蓝路和嘉怡路交叉处的一个锐角三角形地带，是一个微型文化综合体。一层是专门展出工艺美术作品的美术馆，空时可以作为发布会的场地，偏房是餐厅和书房；二层是咖啡馆、图书室；三层可以作为办公空间和临时展览场所；四层作为民宿，是隐藏在整个八分园中的惊喜——每间房间都有一个空中的院子，公共区域有一个四水归堂的天井；屋顶设计为露台以及菜园。该建筑原本是售楼中心，是街角三角形的两层建筑中的一栋和嵌在其上的四层圆形大厅，入口在三角形内院。

八分园采用对偶展开空间关系。园子是外，形式感复杂；建筑是内，呈现朴素。但这些朴素又有些不同——美术馆要朴素有力，而边上的书房和餐厅要温暖柔软，三楼的联合办公空间要接近简约，四楼的民宿则要回到优雅，还要呈现出某些可解读的精神性，通过在屋顶建造菜园向古老的文人园林致敬。

园中的景观以向 20 世纪 70 年代的上海街道公园致敬，向当地的园林历史致敬为设计理念，让景观和建筑合为一体。内院景观占地约为四百多平方米，恰好为八分地而得名"八分园"。前院设计了竹林通幽的入口，将八分园独立出来，但八分园不是私家园林，它免费向周边居民开放。这种节制的开放让八分园获得了周边居民的认同，他们珍惜这个园子，静静地在园子散步。

八分园分三面，除一面是圆柱形建筑主体外，其余两面都是其他功能的背面——一面是居委会，另一面是沿街商铺的后窗，这两道墙上挂满了空调和各种管子，其中有一道帷幕作为围墙将杂乱的环境和八分园剥离开。围墙的样式并不重要，但必须有，而且不能完全封死。色彩上必须是黑色，因此，在围墙的选材上，选定了黑色格栅。这样的围墙才能将周边环境疏离在八分园之外并成为八分园的对比，使得八分园成为贴着旧物而新生的场所。镀锌框架也是旧物的一部分，而黑色格栅则是新物，至于花纹是没有硬性要求的，但花纹的尺寸决定了审美的细致。

八分园项目建筑主体是白色，用穿孔铝板以折扇的方式在立面上形成面纱。金属板穿孔率超过 50% 就会体现出面纱的质感，它背后有玻璃幕墙，有院子，也有阳台，在立面和外界之间创造了一个模糊地带。

八分园的设计理念是体现出上海的地域性，这种地域性是一种基于生活的、让人愉悦但需要克制的情感。设计的目标既不是乏味的极简主义，也不是浮夸的场景并置，而是使得这 2000 平方米的建筑在空间上既有丰富的变化又彼此联系着。

■ 概念草图

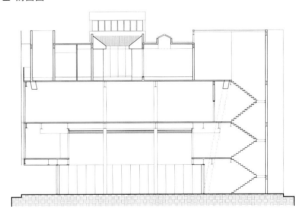

■ 剖面图

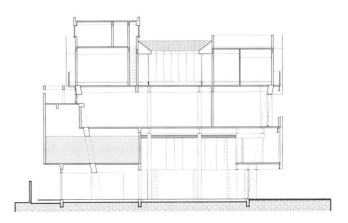

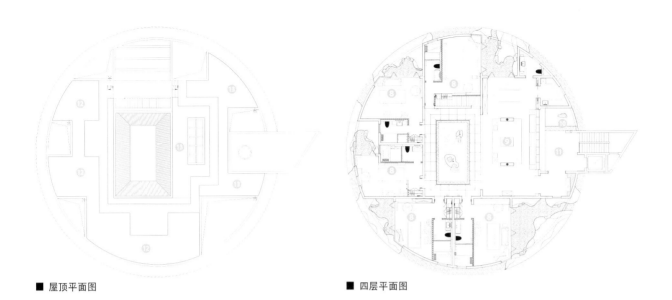

■ 屋顶平面图　　　　　　　　■ 四层平面图

1 玖珅搪瓷工作坊
2 创意工作坊
3 阳台
4 屋顶露台
5 清洁室
6 布草间
7 水吧
8 客房
9 起居室
10 庭院
11 前厅
12 菜园
13 花海

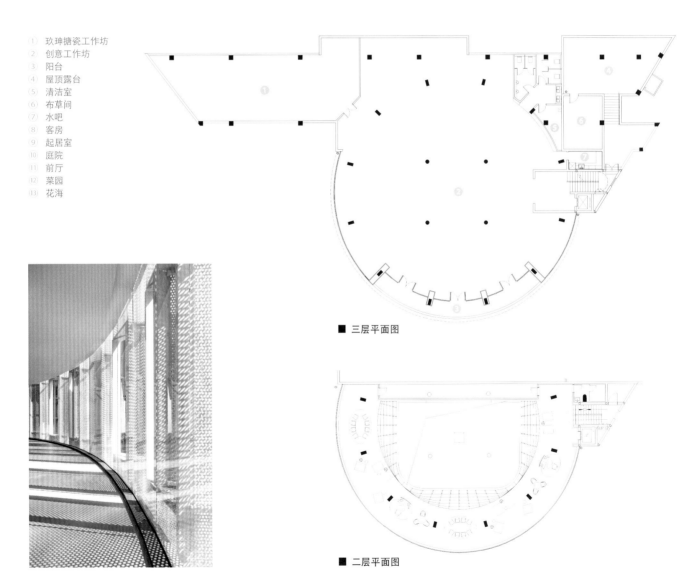

■ 三层平面图

■ 二层平面图

一个人的美术馆
One Person Gallery

项目地点 / 上海市徐汇区
项目规模 / 129 平方米
委托方 / 何静
设计单位 / Wutopia Lab 事务所
主设计师 / 俞挺
完成时间 / 2016
摄影 / 邵峰、CreatAR Images 工作室

■ 草图手稿

夹在两座建筑之间的一个人的美术馆坐落在上海市中心的台地小院中。它由两部分组成，一个 12 平方米的美术馆作为标志性的空间，以及一个很容易被忽略的洞穴空间，作为图书馆和合作工作室。

一个人的美术馆原先是仓储建筑，用来堆放一个已破产公司的弃用材料（我们称之为旧东西），整个基地看上去很糟。项目初始并无明确的蓝图，但当建筑师看工人们清理场地时便有了设计灵感。他决定采用现有的拱门作为室内设计的主题。建筑师充分利用场地垃圾将之转化为有利因素，而非清理掉。旧家具变成了图书馆和内院的装饰，一些旧门也被再利用，其余部分被重新建造，比如天花板。一些不可预知的效果不断发生，建筑师调研时小心翼翼地对待基地的所有环境。这就是他们将项目视为一次考古工作的原因。

对偶的命题源自于中国的修辞,如阴阳。如果我们将建筑一面视为旧的、大的、阴暗的、有一点儿脏的、隐藏在内部带有装饰的商业洞穴空间,那另一面则是新的、小的、明亮的、干净的、被突出的外部艺术作坊。从对偶角度而言,一个人的美术馆处于矛盾之间的创作理念逐渐产生。

长三角江南地区的空气总是湿润的,因此古代艺术家通过描绘剪影而非建筑光阴,发展出一种独特的美学技巧。建筑师选择了三层 PMMA 板材和木结构来建造美术馆。从外部看建筑是一体的,但当你走进美术馆时,你将发现外部环境都印画在内部墙上变成了剪影。剪影最终将实体墙消解,这便是建筑师的意图。

美术馆只是整体项目的一角,更多的艺术家和建筑师被邀请来馆展示他们有关城市和建筑的重要作品,唯一的限制是拒绝图形作品。建筑主人委托设计美术馆的建筑师运作一个人的美术馆。新的故事正在发生。

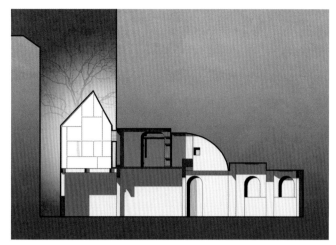
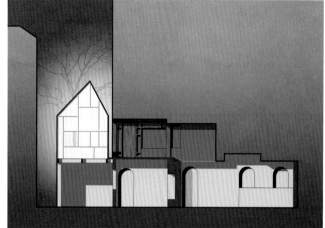

■ 剖面图

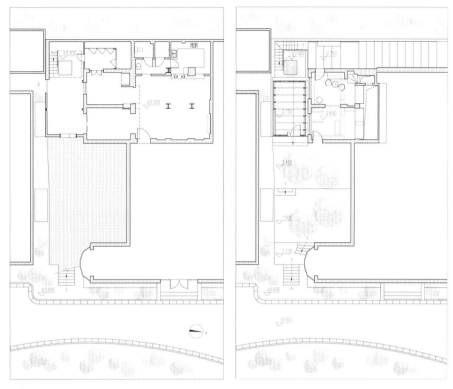

■ 首层平面图 ■ 二层平面图

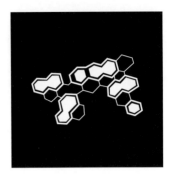

华东师范大学附属双语幼儿园
East China Normal University Affiliated Bilingual Kindergarten

项目地点 / 上海市嘉定区安亭镇
项目规模 / 6600 平方米
委托方 / 安亭国际汽车城
设计单位 / 山水秀建筑事务所
设计团队 / 祝晓峰、李启同、丁鹏华、杨宏、杜洁、石延安、蔡勉、杜士刚、江萌、胡启明、郭瑛
完成时间 / 2015
摄影 / 苏圣亮

■ 总平面图

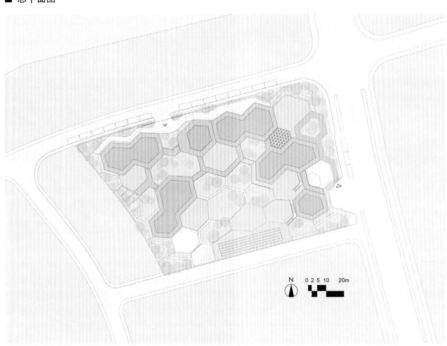

这个位于嘉定安亭的幼儿园被人们亲切地称为"蜂巢幼儿园",建筑师在有限的用地内为儿童设计了一个院落重重的幼儿园,这是对江南庭院的情感延续,也创造了温暖安全的交往场所。在这个幼儿园的设计中,庭院、连廊等传统江南建筑元素被完美转译,蜂巢的形状在保证最佳日照的同时,也演绎出富有特色的空间。

庭院的营造需要建筑单元的围合,建筑师顺应场地西侧的斜向边界,将建筑群的平面布局规划成 W 形,加上自南向北的退台,最大限度地获得西、南、东三个方向的日光。六边形单元体是适应这一群体形态的最佳选择,蜂巢状的组合能够更好地适应斜边的转折,其内部和外部空间更有活力和凝聚感,也能够消解传统四合院中正交轴线所产

■ 剖面图

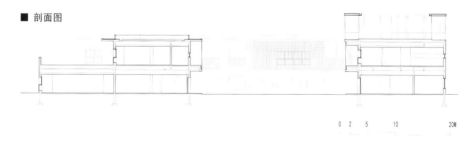

0 2 5   10   20M

生的压力。最终形成的单元体是不规则的六边形，其中三个边等长，这使设计能够根据日照和功能的需要进行更加灵活的组合。

教室内的集中活动围绕中心的圆柱展开，临近外墙有专门为孩子设计的凸窗空间，是他们阅读和照料小植物的场所。每一层每一间的教室都与室外的分班活动场地直接相连，两个班级分享一个活动庭院。从自己的庭院开始，孩子们可以出发去图书室、音乐室、美术室、游戏室、食堂、多功能厅、小小农场以及其他班级的庭院和教室，室外楼梯使二楼和三楼的孩子能够便捷地从自己的庭院加入到一楼大操场的活动中。通过精心的组织，各种尺度的室内空间和庭院空间串联在路径上，使孩子们能够有保护地亲近自然、探索实践，也为飞速发展中的安亭汽车城保留珍贵的庭院记忆。

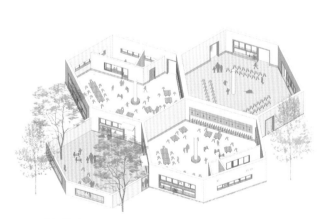

■ 一层空间轴测图

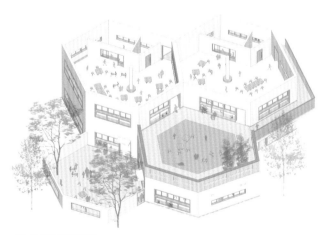

■ 二层空间轴测图

① 门厅
② 婴儿活动室
③ 教室
④ 班级活动平台
⑤ 多功能室
⑥ 活动室
⑦ 食堂
⑧ 厨房
⑨ 后勤办公室
⑩ 阅览室
⑪ 办公室

■ 三层平面图

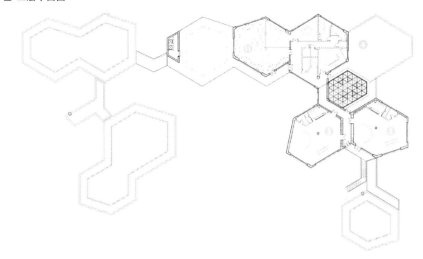

■ 二层平面图

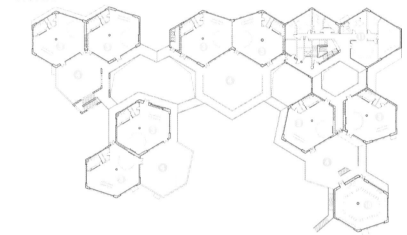

■ 首层平面图

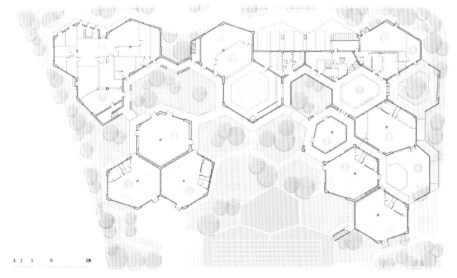

0 2 5   10   20M

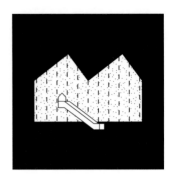

上海嘉定国际汽车城东方瑞仕幼儿园
Kindergarten in Shanghai International Automobile City

项目地点 / 上海市嘉定区安亭镇
项目规模 / 6342 平方米
委托方 / 上海国际汽车城（集团）有限公司
设计单位 / 致正建筑工作室

主建筑师 / 周蔚、张斌
合作设计 / 上海江南建筑设计院有限公司
完成时间 / 2013
摄影 / 苏圣亮

■ 总平面图

① 主入口
② 车辆入口
③ 后勤服务入口
④ 行政中心入口
⑤ 庭院
⑥ 综合楼
⑦ 各班级操场
⑧ 操场
⑨ 沙坑
⑩ 绿化
⑪ 动物农场
⑫ 电力设施
⑬ 自行车停车场

东方瑞仕幼儿园是上海国际汽车城的配套服务型设施，基地为一块临河的不规则三角形，有着相对宽裕的场地面积，允许项目更多着眼于丰富的活动空间。与传统幼儿园盒子般的内部空间不同，设计着重于幼儿视角，试图创造出一种更接近人类原始生存经验和空间原型的空间体验。

整个建筑在平面局部上采用了群落式的组织方式，基地沿道路的一侧相对封闭，临河的一侧相对开放并结合河面布置公共活动区域。二层的主体建筑分布在南面和东面，使用的时候需要穿过室外才能到达另一片区域。这种看似不方便的设计却是为了增加幼儿在园内活动时的探索体验的精心安排，场地东北面为后勤部分。

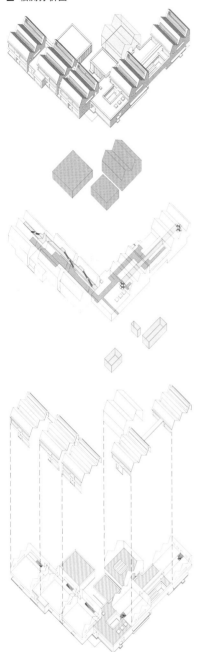

从形式来看，瑞仕幼儿园的坡屋顶造型显得格外特别。但这种实验性的形式却并不是从形式出发得到的结果，更多的是对于家的原型、庇护的原型的关注。坡屋顶所形成的三折屋顶也改变了单一平屋顶枯燥的空间感受，同时，一进一进的屋顶体验也是对设计师从小江南语境下院落式空间生活记忆的怀念。坡屋顶的天窗为建筑带来了明暗的层次变化，光线成了空间的一部分，也让形式本身多了功能性说服力。这样的特殊设计使幼儿班及走廊内都宽敞明亮，每一组双坡屋面都对应了班内的活动室、卧室或卫生间，使幼儿在大进深的班级内部有一种居于屋檐下透过天窗光庭对望不同空间的屋顶和天空的奇特感受。从材料和颜色上来看，涂料、平板玻璃、烤漆铝板、穿孔铝板、型钢和塑木板配合浅木色和白色为主体的基调，营造出一种安定、亲切的状态。建筑透过形体和材料的配合，展现出一种亲切温暖的日常性。

作为 2013 年建成的建筑，嘉定东方瑞仕幼儿园的实验性越发让人感受到一种平常的温暖，这不是建筑师对于自我追求的极端呈现，也不是炫技式的手法堆砌，而是一种生活化的安定感和信赖感。

■ 北立面图

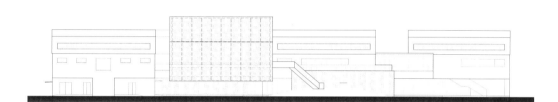

■ 西立面图

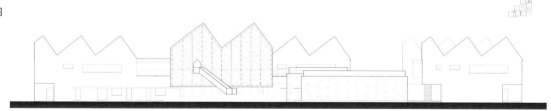

■ 东立面图

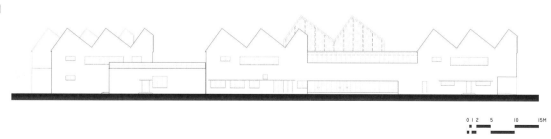

0 1 2   5   10   15M

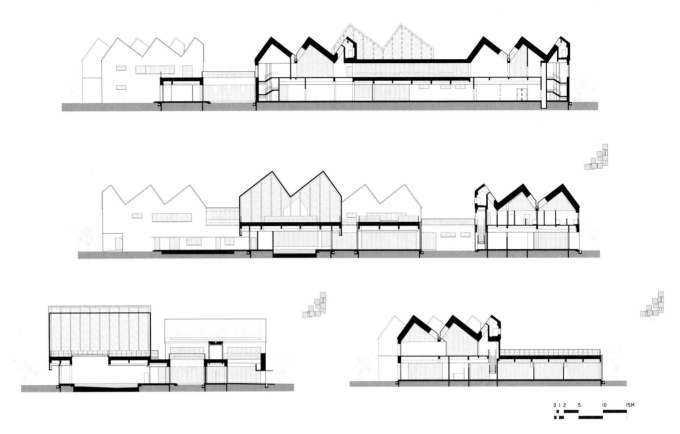

0 1 2   5   10   15M

■ 二层平面图

■ 首层平面图

1　入口大厅
2　庭院
3　多功能活动室
4　会议室
5　教室
6　图书馆
7　热泵设备间
8　员工咖啡厅
9　保育室
10　厨房
11　浅水池
12　材料储存室
13　网络室
14　财会室
15　储藏室
16　晨检室
17　观察、隔离室
18　办公室
19　活动室
20　寝室
21　餐厅
22　复印室
23　天井
24　各班级操场

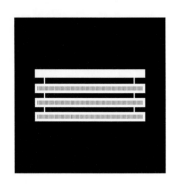

崧淀路初中
Songdian Road Junior High School

项目地点 / 上海市青浦新城
项目规模 / 18 055 平方米
委托方 / 上海淀山湖新城发展有限公司
设计单位 / 致正建筑工作室
主建筑师 / 周蔚、张斌
完成时间 / 2014
摄影 / 苏圣亮

■ 总平面图

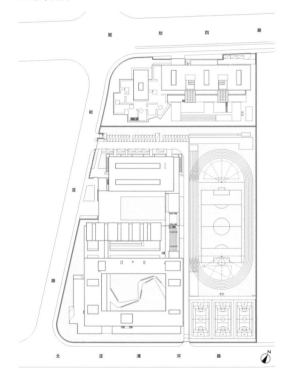

■ 轴测分析图

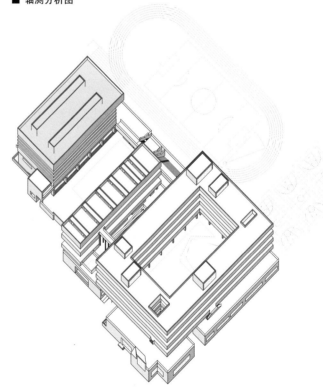

崧淀路初中位于上海远郊青浦的一个正在建设的大型居住社区内，南临淀浦河，北靠一所待建的幼儿园，东西两侧都是高层住宅区。总体布局上，学校的东半部是操场，所有建筑都在邻近崧淀路的西半部。崧淀路初中受到用地限制（用地规模比上海市的标准值小了 15% 以上），因而无法按照标准模式设计。

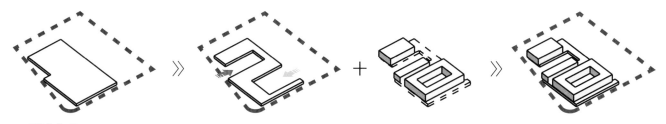

■ 设计生成图解

■ 区位图

设计因势利导，巧妙地运用了层叠和庭院的手法，形成了统一清水混凝土基座平台上的大小、高低、色彩各不相同的三个体量，分别为食堂和风雨操场、行政综合楼及教学楼。作为三个体量的共同基座的底层容纳了图书馆、阶梯教室、实验室和食堂等，并为二楼的学生们提供了充足的户外景观及活动平台。

基座外侧的清水混凝土和上部体量的浅灰色涂料墙面构成整个学校的质朴背景，也回应了本项目严格的造价控制。在这些简洁的形式塑造的空间中，所有的建筑表情都来自于局部不同构造系统的色彩运用，包括外廊等公共空间的顶棚、教学楼基座的内侧墙面、所有楼梯间内部的墙、顶、地面和实体梯段本身，以及所有基座以上的小尺度透空金属密肋栏杆和大尺度竖向金属遮阳板的侧面。其中，楼梯间和金属栏板及遮阳板的处理是重点。设计师把楼梯间都以扩大空间的方式布置在各个重要空间节点上，并且都是开敞的半室外楼梯，以利于人流的快速引导与通过。而色彩加强了这种引导：教学楼的三个楼梯外侧都是和底层基座内侧墙面一样的墨绿色，而内侧是各不相同的明快浅色；行政楼和风雨操场的楼梯分别和所属楼宇的蓝色和红色相统一，外侧深色内侧浅色。教学楼二层以上略高于基座的飘浮感被作为外立面唯一特色——包裹住环形挑廊封头梁的密肋栏杆——侧面明亮的逐层渐变色所强化，形成了轻盈而朦胧的视觉感受。原设计行政楼和风雨操场的立面都被侧面分别为蓝色和酒红色的通高竖向遮阳板所包裹，但是在实施中由于造价原因，只保留了风雨操场的遮阳板，而行政楼的遮阳板则被同色的密肋栏杆所替代。

■ 南立面图

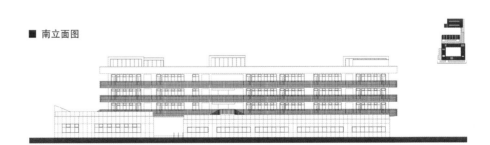

■ 东立面图

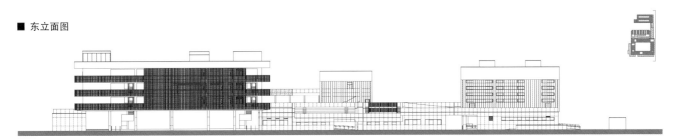

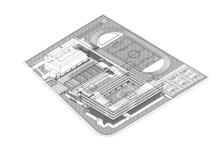

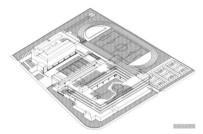

景观绿化

活动广场

景观平台

■ 功能分析图

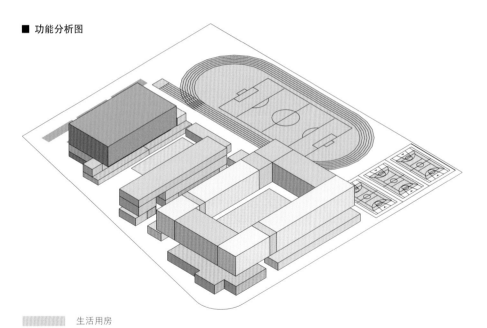

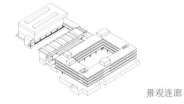

景观连廊

■ 景观分析图

生活用房
专用教室
教室
办公用房
风雨操场
公共教学用房
篮球场
课间活动场地
排球场
足球场与跑道
地面机动车停车场
地下非机动车停车库

■ 剖面图

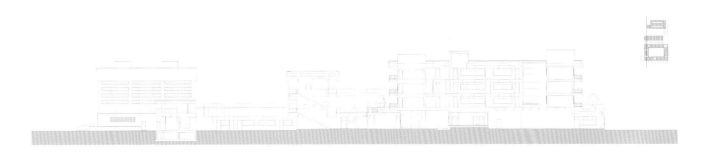

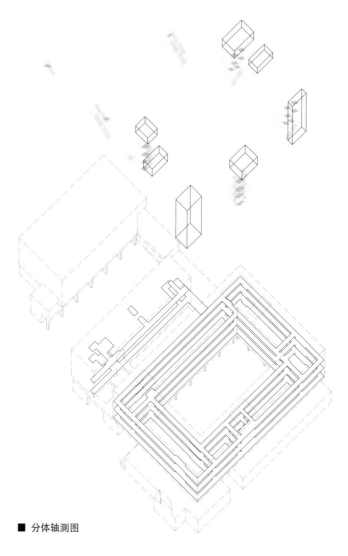

■ 分体轴测图

① 教室
② 实验室
③ 准备室
④ 教师办公室
⑤ 图书馆
⑥ 科技活动室
⑦ 保健室
⑧ 多功能教室
⑨ 食堂
⑩ 资料室
⑪ 厨房
⑫ 德育展览室

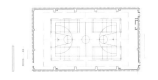
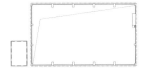
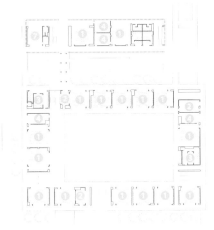
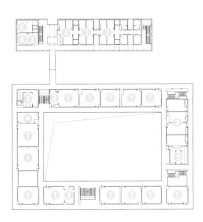

■ 二层平面图　　　　　　　　　　　■ 三层平面图

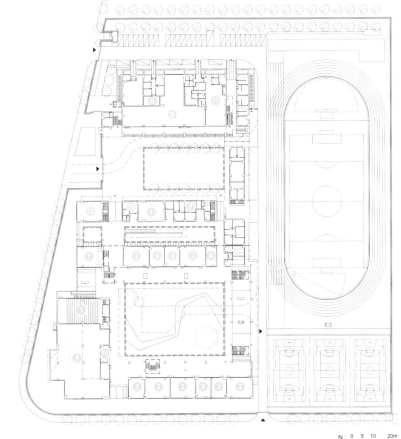

■ 首层平面图

N　0 5 10　20m

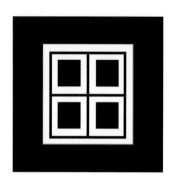

德富路初中
De Fu Middle School

项目地点 / 上海市嘉定新城
项目规模 / 12 783 平方米
委托方 / 上海嘉定新城发展有限公司
设计单位 / GOM 建筑设计公司
设计团队 / 张佳晶、赵玉仕、徐文斌、项婳菁、易博文
完成时间 / 2016
摄影 / 苏圣亮、张佳晶

■ 总平面图

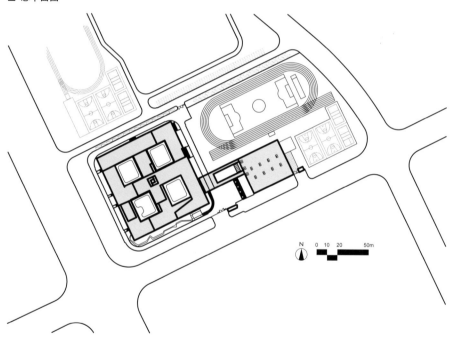

德富路中学是位于上海嘉定新城德富路上的一所初中，北面紧邻德富路小学，南面为普通住宅小区。校内建筑物共两栋，分别为主体教学楼及食堂。主体教学楼呈"田"字形布局，可容纳 24 个教室、教师办公及附属设施。内院尺度 25 米见方，南北向为主要教室，东西向为特殊教室。建筑从一层到三层向阳面错落拼叠，从而形成丰富的屋顶平台区域。主教学楼与风雨操场及食堂采用四条斜向无障碍坡道相连。

即使受到基地形状和大小的限制，建筑师仍希望建筑能够为学校的老师、学生提供一个自由行走的场所。主教学楼采取内外双廊设计，除去基本的垂直交通外，建筑师还设计了丰富的漫游式交通系统，自由舒展的廊道与错落有致的屋面紧密结合，使建筑

的内外界限变得模糊起来，也使行走变得有趣。建筑师希望使用者在日常生活中偶遇性地感知环境，体会自然。风雨操场提供了一个半室内的篮球场，并且可兼作展览馆与小礼堂。垂直遮阳板采用现浇混凝土立板，截面为矩形。屋面井字梁结构采用现浇混凝土结构挂板，截面为倒梯形。两个现浇薄板的最小厚度均为 15 厘米。除此之外，建筑采取干粘石的外墙材料，既是对上海传统外墙样式的一种回应，也是作为低造价建筑材料耐久性的一种尝试。

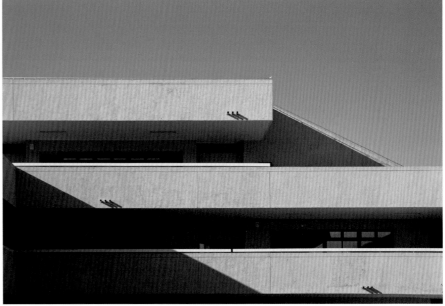

■ 立面图

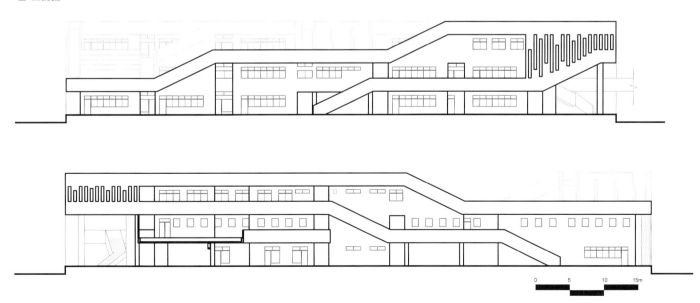

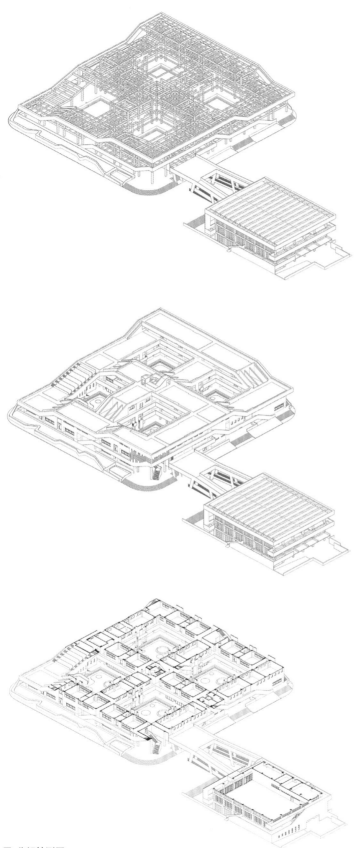

■ 分解轴测图

■ 剖面图

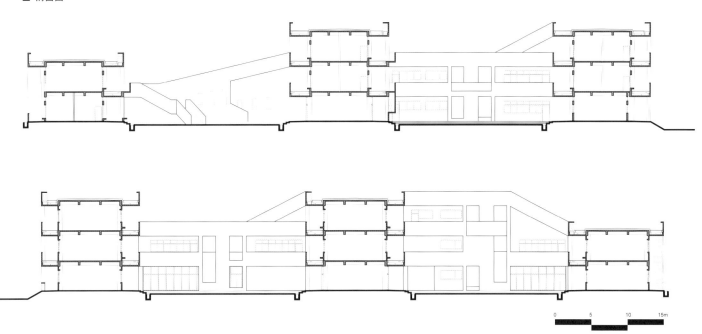

0 5 10 15m

■ 二层平面图

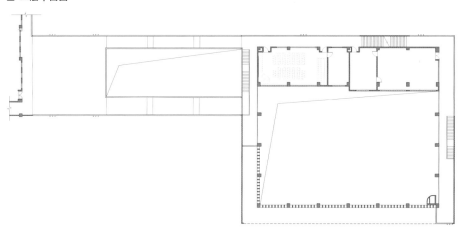

■ 首层平面图

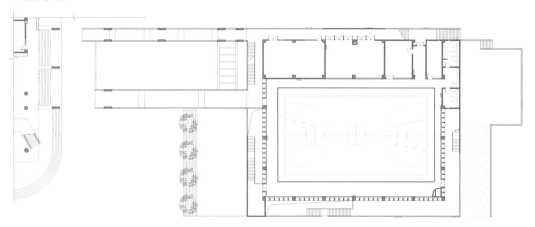

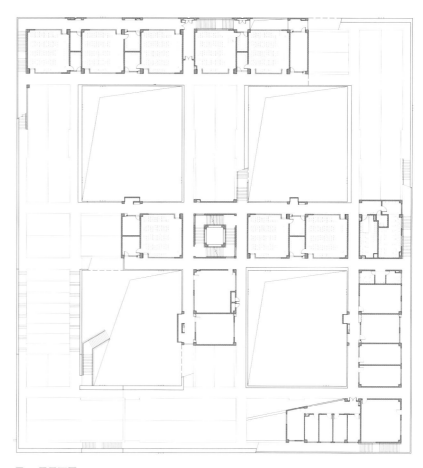

■ 三层平面图

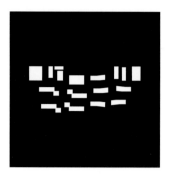

上海嘉定桃李园实验学校
Shanghai Jiading Tao Li Yuan School

项目地点 / 上海市嘉定区树屏路
项目规模 / 35 688 平方米
委托方 / 上海市嘉定区国有资产经营有限公司
设计单位 / 大舍
主设计师 / 柳亦春、陈屹峰
完成时间 / 2015
摄影 / 苏圣亮

■ 总平面图

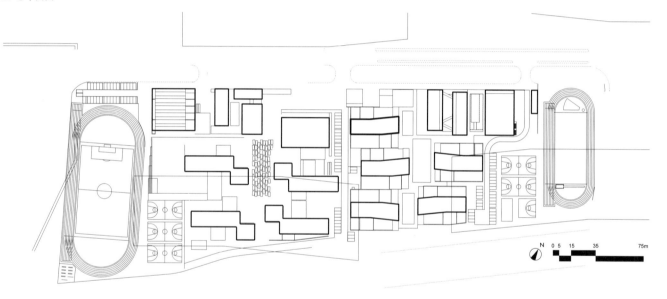

桃李园实验学校从拥挤的旧城区迁建而来，由小学部和初中部组成，小学部有 25 个班级，初中部有 32 个班级。基地位于嘉定城区以北的开发区内，周边空旷，北侧和东西两侧均为城市规划道路，南侧有一条小河，隔河尚有部分未拆迁的村庄和农田，仍能感受到江南水乡的地理特征。

为了呼应或将远去的水乡地理，设计根据学校的具体功能特点，尝试再现江南传统书院的空间形态，为中小学生营造一处受教与自由天性互动，且具地方气质的校园空间。学校的每个院子就是一个年级，建筑的上下层采用不同功能和空间相叠加的方式，底层为专业教室及教师办公室，上层为普通教室。平台之上是安静的和常规的教学场所，平台之下，是寓教于乐的展现教学多样性的内外交融的教学空间。

平台采用混凝土厚板结构，在普通教学楼的下部通过部分架空形成可以全天候活动的公共空间，它既和灵活机动的课外教学相结合，又是楼前楼后院落相互渗透的地方，而且这些架空层也让整个校园的地面层成为一个庭院空间整体。院墙之内，是宁静的学习场所；院墙之外，院与院之间又围合出另一片天地，是学生嬉戏的中心庭院。院墙向外成为游廊，各处因此被联系起来，开敞自由，曲折有致。楼上楼下学子研读，院内院外桃李满园，植物的配置很好地呼应着这所有着一定历史的地方学校。这是一个真正意义上的校"园"，设计师也希望据此重塑江南地域的诗意空间传统。

■ 立面图

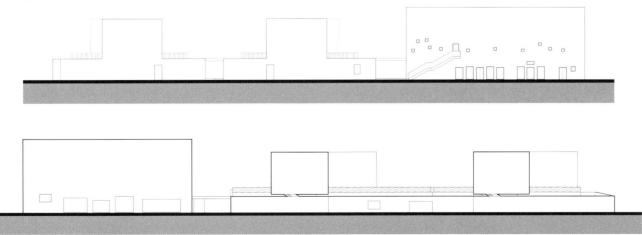

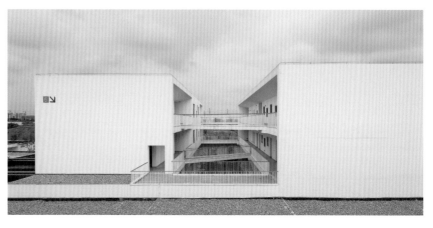

■ 剖面图

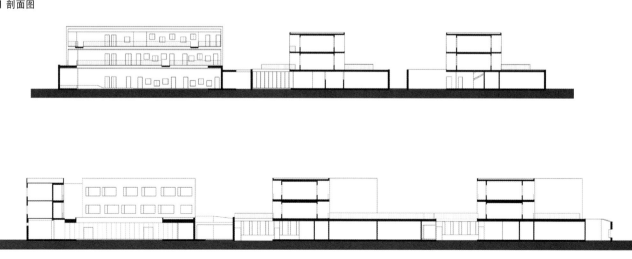

■ 分解轴测图

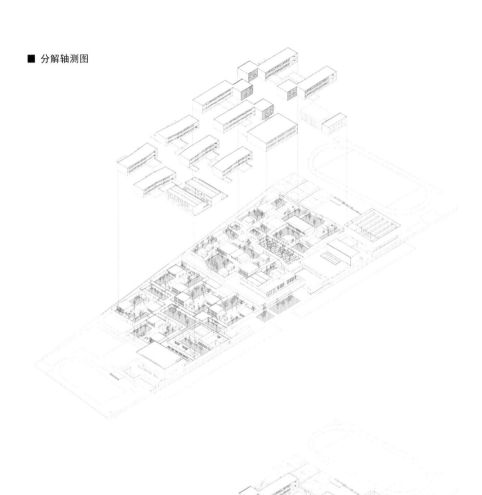

■ 二层平面图

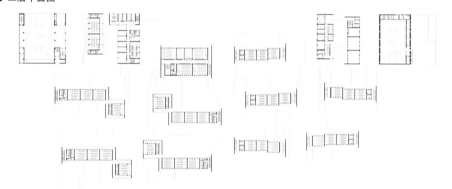

■ 首层平面图

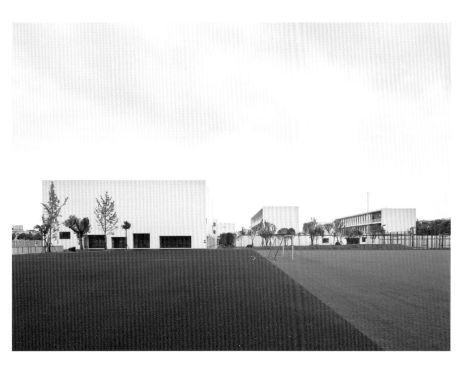

■ 剖面图

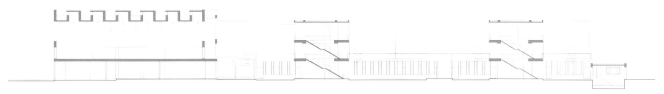

龙美术馆（西岸馆）
Long Museum West Bund

项目地点 / 上海市徐汇区龙腾大道
项目规模 / 33 007 平方米
委托方 / 私人
设计单位 / 大舍
主设计师 / 柳亦春、陈屹峰
完成时间 / 2014
摄影 / 苏圣亮、陈颢、夏至

■ 总平面图　　　　　　　　　　　　■ 伞形结构轴测图

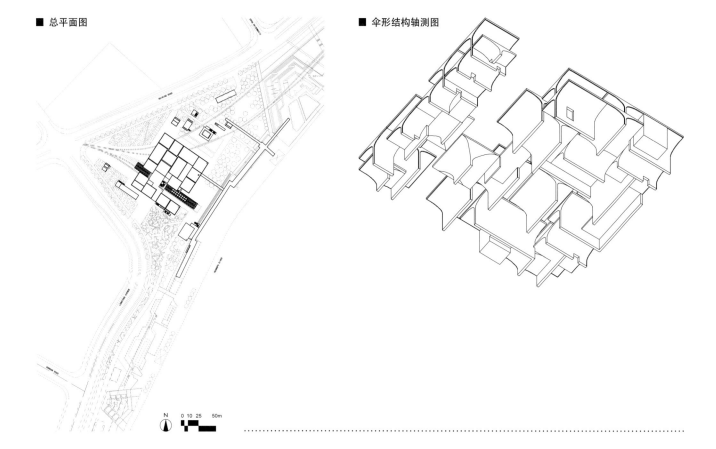

N　0 10 25　50m

龙美术馆（西岸馆）位于上海市徐汇区的黄浦江边,基地以前是运煤的码头。设计伊始,现场有一座 20 世纪 50 年代所建的煤料斗卸载桥,大约长 110 米、宽 10 米、高 8 米,以及两年前已施工完成的两层地下停车库。

这个改建项目所面临的建筑问题是如何将一个车库的空间转换为展览的空间,并在现有的结构柱网下,营造上部新的建筑空间。它面临的城市问题是,新建筑的介入将以怎样的方式在完成城市更新的同时,去回答和场所相关的文化与自然的延续性问题,以及借助一个美术馆,人们可以为城市营造怎样的公共空间。

新的设计采用独立墙体的"伞拱（Vault-Umbrella）"悬挑结构，呈自由状布局的剪力墙插入原有地下室并与原有的框架结构柱浇筑在一起。地下一层的原车库空间由于这些剪力墙体的介入转换为展览空间，地面以上的空间则由于"伞拱"在不同方向的相对连接产生了多重意义的指向。

机电系统都被整合在"伞拱"结构的空腔里，地面以上的"伞拱"覆盖了一个方形的场地，形成了室内的空间。室内的墙体和天花均为清水混凝土的表面，它们的几何分界位置是模糊的，因而形成了非常独特的具有某种庇护感和自由感的空间体验。这种体验是能够跨越文化差别的，它构成了空间公共性的一部分。

结构、机电系统与空间意图的高度整合形成了一种"直白"的架构，构成了这个建筑在材料、结构和空间上的直接性与朴素性。该架构和基地里现存的煤料斗卸载桥是可类比的结构。新建筑以这样的方式建立了它和既有场地的工业特质在时间与空间上的接续关系。

地面以上的清水混凝土"伞拱"下的流动展览空间更适合进行当代艺术的展览，地下一层的传统"白盒子"式的连续展览空间则适合现代艺术和古代艺术展览。"白盒子"由一个呈螺旋回转、层层跌落的阶梯空间连接。既原始又现代的空间和古代、近代、现代直至当代艺术的展览陈列，这种并置的张力，以一种独特的方式呈现出具有时间性的展览空间。

美术馆本身也不再是封闭内向型的空间模式，在功能空间的配备上，也更多地容纳了艺术品研究区、书店、图书馆、艺术品商店、餐厅、咖啡厅、培训教室等更具开放性、更具公众参与性的公共空间，这些空间被直接配置在美术馆的外部，与保留的可穿越的"煤料斗"公共空间、二层的庭院以及连接江滨步道的天桥组织在一起，成为城市公共空间的一部分。

■ 剖面图

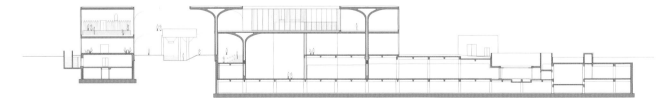

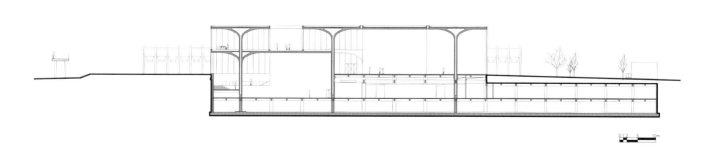

■ 二层平面图

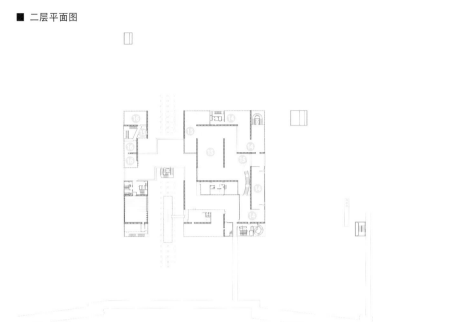

■ 首层平面图

(1) 博物馆入口
(2) 入口大厅
(3) 煤斗卸载桥
(4) 当代艺术馆
(5) 视听室
(6) 衣帽间
(7) 徐震艺术品：《运动场》
(8) 吹拔
(9) 临时展馆
(10) 艺术与设计商店
(11) 餐厅
(12) VIP 室
(13) 货梯
(14) 咖啡厅
(15) 平台
(16) 艺术与设计商店

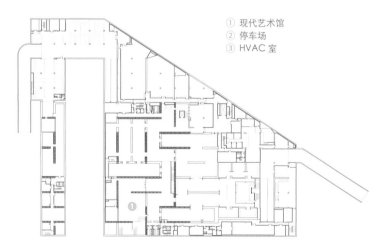

① 现代艺术馆
② 停车场
③ HVAC 室

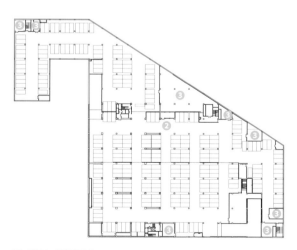

■ 地下一层平面图

■ 地下二层平面图

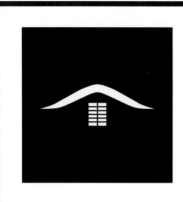

池社
Chi She

项目地点 / 上海市徐汇区龙腾大道
项目规模 / 199 平方米
委托方 / 新世纪当代艺术基金会
设计单位 / 上海创盟国际建筑设计有限公司
主设计师 / 袁烽
完成时间 / 2016
摄影 / 袁烽、苏圣亮

■ 总平面图

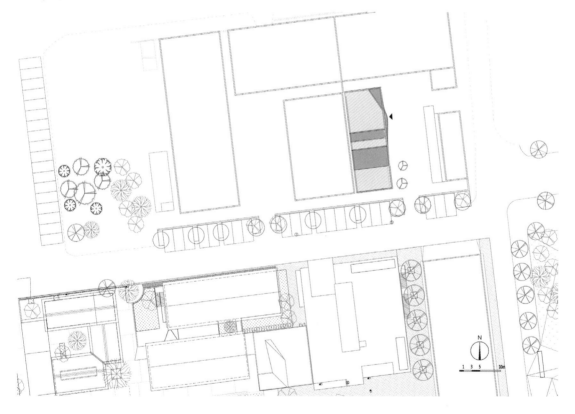

池社作为 1986 年由张培力、耿建翌等人成立的一个艺术团体,其在西岸文化艺术示
范区的空间重生代表了一种现实主义的态度:在破败不堪的老建筑的基础上完成空间
诉求,协调整体环境,同时实现一个与其所承载的艺术使命相匹配的表达形式。业主
希望可以提供一处精致且丰富的复合艺术空间,以方便在紧凑的建筑内进行展示收藏、
创作讨论、休息交流等多重艺术活动。

设计师保留了原有建筑的外围护墙体，在进行基本的性能改善和结构加固后，获得了最大化的展厅空间；同时在不影响整个园区空间感受的情况下将局部建筑屋顶抬高，获得了一处可以享受完整天空的夹层休息空间；屋面结构替换为更加轻质有效，同时富有温暖气息的张拉弦木结构屋顶，并局部抬高获得表达气候时辰的北侧天光。建筑外围采用了同老建筑相协调的青砖，使其形成面向园区的主要界面，而入口位置的轻轻一掀，形成的褶皱肌理既形成了房子最让人印象深刻的形式处理，又表现了建筑物的基本表情——既背靠传统而又表达当下文化态势。

为了完成这样一个传统工艺无法精确实现的砌筑方式，设计师借助了一造科技（Fab-Union）专项研发的机器臂砌筑的工艺，实现了先进数字化施工技术在现场完成真实建造的首次尝试。池社的外墙，将回收自老建筑的古老灰砖与先进的机械臂在场建设工艺相结合，采用一种具有张力的曲面形态，表现池社的勃勃生机。

机械臂砖构集合装备的精准定位以及工匠对砂浆与砖块精心处理，使砖构这一古老的砌筑方式能够适应新的时代要求，实现了对设计模型的完整呈现。老砖的残破与曲墙的张扬相得益彰，将人与砖、机器与建构、设计与文化的故事，在夕阳下外墙的阴影中持续讲述。

■ 立面图

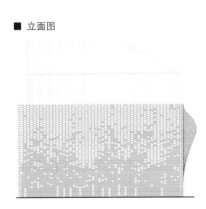

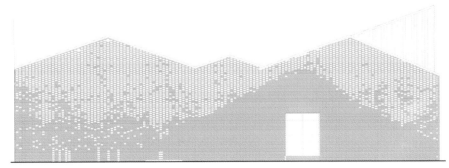

■ 建造图解

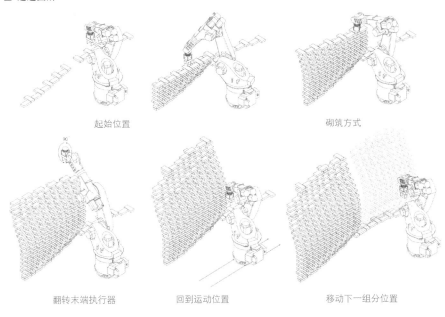

起始位置　　　　　　　　　　　　砌筑方式

翻转末端执行器　　　回到运动位置　　　　移动下一组分位置

■ 剖面图

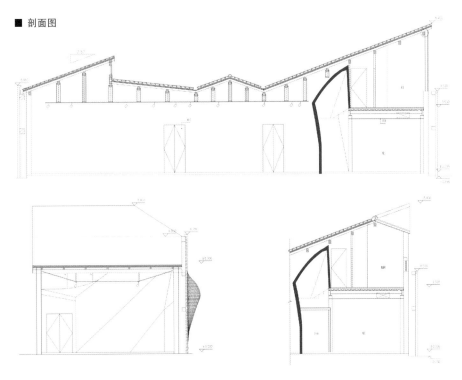

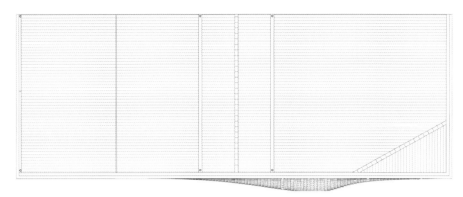

■ 屋顶平面图

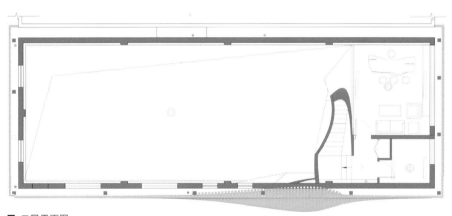

■ 二层平面图

1　展览
2　杂物间
3　主入口
4　红酒柜
5　洗手间
6　厨房
7　餐厅
8　展厅上空
9　茶室
10　储藏间

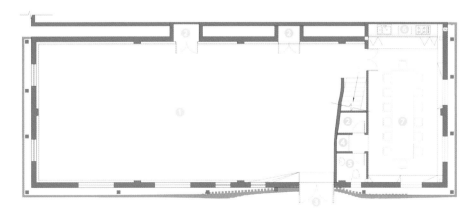

■ 首层平面图

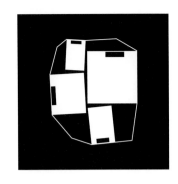

华鑫慧享中心
Huaxin Wisdom Hub

项目地点 / 上海市徐汇区田林路
项目规模 / 1000 平方米
委托方 / 华鑫置业（集团）有限公司
设计单位 / 大舍
主设计师 / 陈屹峰、柳亦春
完成时间 / 2015
摄影 / 加纳永一、陈颢

■ 轴测图

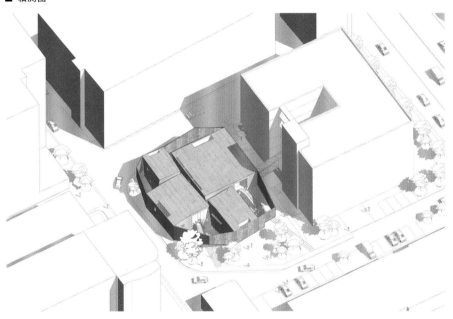

华鑫慧享中心是一个促进交流和分享智慧的场所，主要功能区有多功能厅、会议室和各类展厅。建筑基地位于华鑫科技园内，狭小局促，并被区内道路、机动车位和办公楼紧紧围绕。对于慧享中心自身而言，周边环境乏善可陈且无以因借，最好的方式是营造一个自我完善的小天地。但从整个园区的角度来看，慧享中心 1000 平方米建筑容量的介入不会加剧园区的逼仄感，同时新建筑的外部空间也应与园区连为一个整体。

设计最终采取的是一种双向平衡的策略：以一道环形的、悬浮着的混凝土围墙在基地内，给慧享中心限定出了一个领域，建筑依据功能组成被分解为四个相互游离的体量，呈风车形布置在围墙内。围墙的悬浮使得墙内和墙外的空间若即若离，它所限定的领域由此处于一种"内外"层面上的不确定状态。

■ 立面图

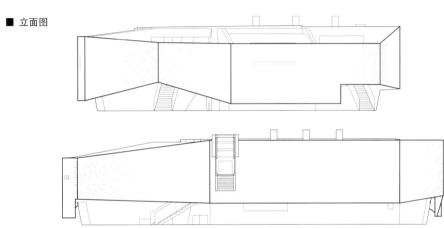

■ 区位图

为了控制总高度，建筑和围墙内的部分场地下沉了 1.5 米，但借助缓坡过渡仍然与周边保持连续。这样，慧享中心的两个楼层和园区场地之间构成了错层关系，在任何一个基面上都能感觉到其他两个基面的存在，从而带来一种"高下"层面上的暧昧。

出于压缩建筑体量的目的，慧享中心的室内交通空间尽量室外化。四个游离的建筑实体之间的外部空间通过路径和园区连为一体，同时也是整个建筑的中庭。人在建筑内穿行，会不断经历室内室外的场景交替，能体会到另一种内外层面上的游移。建筑功能空间内的墙面采用清水木纹混凝土，交通空间的墙面则将混凝土刷成白色，这样的差异化处理，亦是为了强化场景间的交替。

整个建筑尽管体积感很强，但它的质量感却因为围墙的悬浮而大大被削弱，因而传递出一种视觉上的"轻"。建筑外立面木纹混凝土表面处理成白色，同样有助于传达这种"轻重"层面上的不肯定性。尽管场地局促，慧享中心四个游离的建筑实体之间仍然做了适度的扭转，并通过这种处理来营造微妙的不安定和紧张感，而且建筑实体墙面向外倾斜也进一步加剧了这种感觉。总体而言，设计师希望营造一个不确定的场所来回应慧享中心的自身诉求和它所面对的外部环境之间的矛盾，并以此给建筑带来新的场所经验和足够的丰富性。

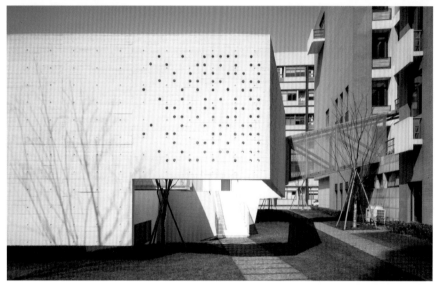

■ 剖面图 1-1

■ 剖面图 3-3

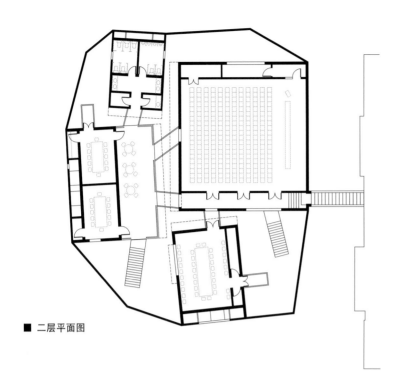

■ 二层平面图

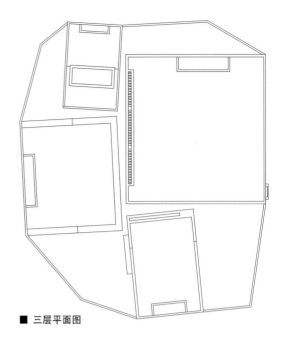

■ 三层平面图

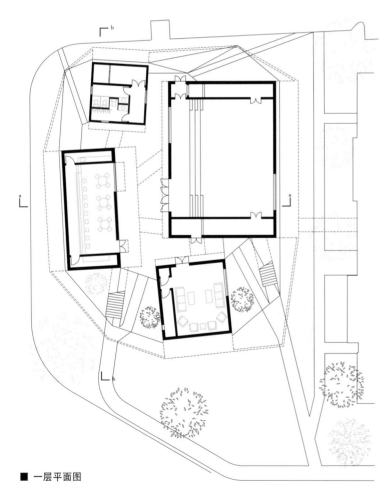

■ 一层平面图

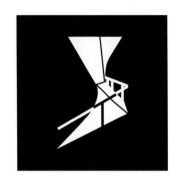

Fab-Union 艺术空间
Fab-Union Space on the West Bund

项目地点 / 上海市徐汇区龙腾大道
项目规模 / 368 平方米
委托方 / 上海阿特优宁建筑艺术设计有限公司
设计单位 / 上海创盟国际建筑设计有限公司
主设计师 / 袁烽
完成时间 / 2015
摄影 / 陈颖、苏圣亮

■ 总平面图

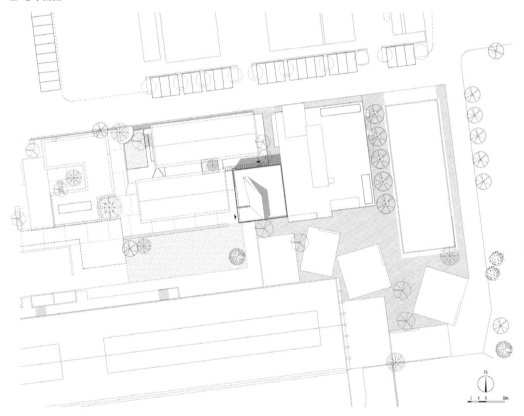

快速城市化过程中的微型建筑营造往往要求在极大的利用土地效率、创造普适空间的同时，为城市和自身创造独特的空间性格和魅力。位于徐汇滨江西岸文化艺术区的 Fab-Union 艺术空间即是这样一栋 300 多平方米的小型建筑项目。

在设计之初，为了减少整个项目的投入，并提高整个空间的效率，整个项目在横向被划分为两个长向空间，两侧不同标高的楼板在实现可使用面积最大化的同时，为展览、

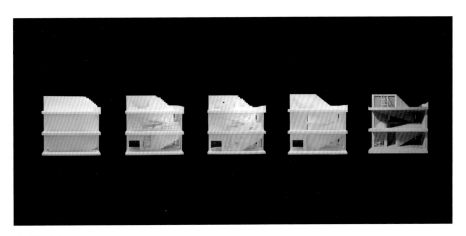

■ 形体演变

办公等未来的可能使用情况提供了相应的灵活性。两侧的楼板在两侧通过两堵 150 毫米厚的混凝土墙加以支撑。在中部则是通过竖向交通空间的巧妙布局，将重力进行引导，使楼梯空间成了整个建筑的中部支撑，因而传统意义上的结构——交通这种二元化的建筑要素得以同化。同时，交通动线和重力的传导在空间和形体上互相制约而彼此平衡，又自然的成了空间塑形的基础。建筑界面相对透明，这样使得结构的表现力可以在建筑的外部得以读出。

设计构思首先保证两侧的双层高展厅与三层低展厅相对完整，而中间仅有 3 米宽的交通通道，该空间的构思是建立在人的动态行为、空气动力学拔风以及最大化空间体量连续性基础之上的。动态非线性的空间生形是建立在结构性能优化以及空间动力学生形的基础之上的，整个过程运用了切石法和投影几何以及算法生形的多种设计方法。混凝土作为可塑性材料承载了建构特性又具有易于施工的特点，整个建筑从设计到施工历时仅四个月，可以说是数字化设计以及施工方法带来的奇迹。

■ 西立面图

■ 南立面图

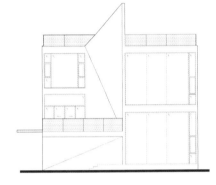

■ 分析图

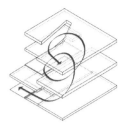

■ 北立面图

■ 剖面图 2-2

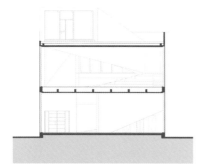

■ 剖面图 3-3

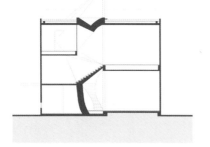

■ 屋顶平面图

N

0 1   3   5m

■ 3.4 米平面图

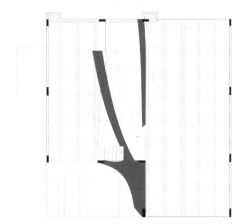

■ 6.93 米平面图

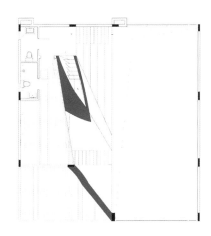

■ 首层平面图

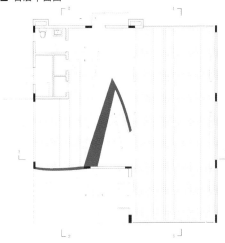

■ 二层平面图

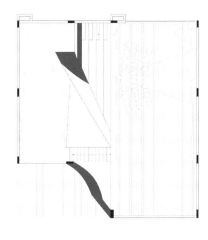

云展馆
Cloud Pavilion

项目地点 / 上海市徐汇区
项目规模 / 150 平方米
委托方 / 上海徐汇滨江开发投资建设有限公司
设计单位 / 丹麦 SHL 建筑事务所
设计团队 / 克里斯·哈迪（Chris Hardie）、陆

蓉、史蒂文·莫顿（Steven Morton）、莫扬
（音，Mo Yang）、玛莉亚·维拉歌多（Maria
Vlagoidou）、毛蓓宏
完成时间 / 2016
摄影 / 彼得·迪克西（Peter Dixie）

■ 总平面图

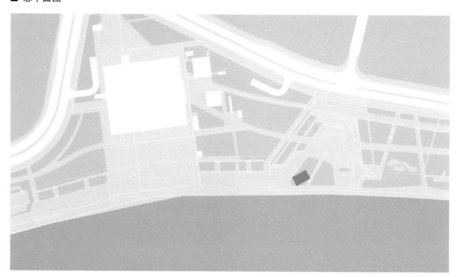

2013 年，丹麦 SHL 建筑事务所受业主委托，为"西岸建筑与当代艺术双年展"设计一系列展览馆及艺术装置。其中一座展馆名为"The Cloud"，这是一座由 2 万条白色工业绳索组成的临时性展览装置。云展馆与西岸沿岸的工业化标志塔吊形成鲜明的视觉对比，为浦江西岸的历史和工业两大主题带来了巧妙的联系。云展馆最初只计划进行为期两个月的展览，而最终因其大受公众喜爱，在黄浦江边保留了两年。

作为上海西岸再生和发展计划的一部分，2015 年，西岸委托 SHL 将云展馆改建成为永久型的艺术展馆。设计要求延续原展馆"祥云"的理念，保留原有的钢结构主体，为日后各类活动提供至少 100 平方米的空间，并升级相应机电配套设施，提供一定储藏空间。新的展馆是一座由玻璃组成的"祥云"空间。从平面上看，展馆仿佛一片由孩童描画的云朵，也是中国传统图案中对"云"的解析——中国传统文化中，"云"是吉祥的象征。在夜晚，展馆的天花映射着顶部的镜面亮起，仿佛一朵飘浮在黄浦江边的浮云。

■ 手绘草图

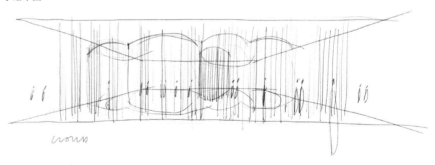

■ 设计图解

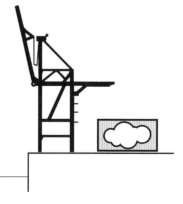

■ 立面图

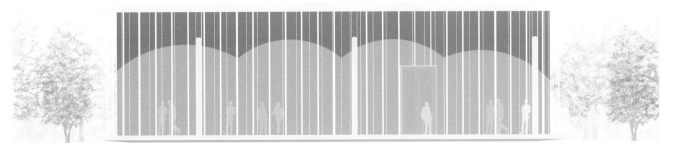

■ 顶视图

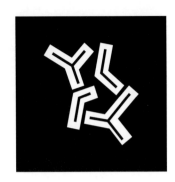

华鑫展示中心
Huaxin Exhibition Center

项目地点 / 上海市徐汇区桂林路
项目规模 / 730 平方米
委托方 / 华鑫置业
设计单位 / 山水秀建筑事务所
设计团队 / 祝晓峰（设计总监）、丁鹏华（设计主管）、蔡勉、杨宏、李浩然、杜士刚
完成时间 / 2013
摄影 / 苏圣亮

■ 总平面图

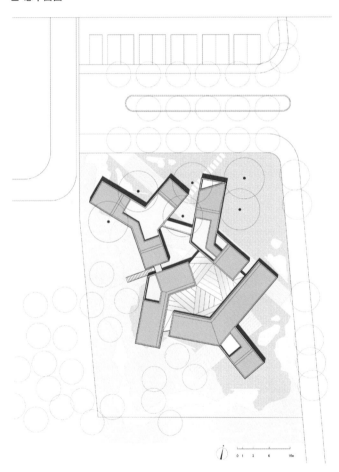

建筑师希望通过这座建筑，触发我们思考人与自然、社会之间的积极关联。办公集群位于桂林路西，其入口南侧是一块绿地。这块绿地面向城市干道的开放属性以及其中的六棵大香樟树，成了设计的出发点，并由此确立了展示中心的两个基本策略：

(1) 建筑主体抬高至二层，以最大化开放地面的绿化空间；

(2) 保留六棵大树的同时，在建筑与树之间建立亲密的互动关系。

最终完成的建筑由四座独立的悬浮体串联而成。底层的 10 片混凝土墙支撑着上部结构，并收纳了所有垂直上下的设备管道，其表面包覆的镜面不锈钢映射着外部的绿化环境，从而在消解自身的同时凸显了地面层的开放和上部的悬浮感。四个单体围合成通高的室内中庭，透过四周悬挂的全透明玻璃以及顶部的天窗，引入外部的风景和自然光，使空间内外交融。

沿着中庭内的折梯抵达二楼，会进入一种崭新的空间秩序。四个悬浮体的悬挑结构由钢桁架实现，它们在水平方向上以"Y"或"L"形的姿态在大树之间自由伸展。由波纹扭拉铝条构成的半透"粉墙"，以若隐若现的方式呈现了桁架的结构，并成为一系列室内外空间的容器。穿行于这些半透墙体内外，小屋、小院、小桥以及它们所接引的不同风景，将在漫步道上交替出现。大树的枝叶在建筑内外自由穿越，成为触手可及的亲密伙伴。

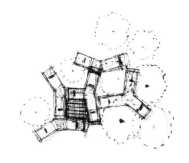

■ 概念草图

在这里，建筑的结构、材质，和大树的枝干、树叶交织在一起，一起营造出一个个纯净的室内外空间。这些空间（屋和院）在时间（路径）的组织下，共同实现了时空交会的环境体验。这是一件由建筑和自然合作完成的作品。如果人以积极的方式善待自然，也会得到自然善意的回馈。21 世纪的建筑不仅要回应人的需求，更要积极担当人与环境之间的媒介。未来建筑的根本目的，是帮助人与自然、社会建立平衡而又充满生机的关联。

■ 剖面图

■ 二层平面图

0 1 3 6 10m

■ 首层平面图

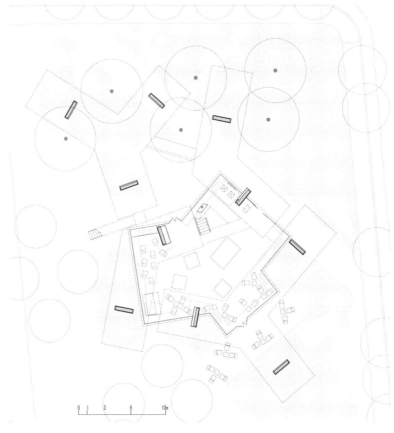

0 1 3 6 10m

上海中心
Shanghai Tower

项目地点 / 上海市浦东新区陆家嘴银城中路
项目规模 / 573 223 平方米
委托方 / 上海市城市建设投资开发总公司、陆家嘴股份公司、上海建工集团总公司
设计单位 / 美国 Gensler 建筑设计事务所
合作设计 / 同济大学建筑设计研究院
完成时间 / 2015
摄影 / 黑色站台（Blackstation）、康妮·周（Connie Zhou）

■ 总平面图

■ 立面图

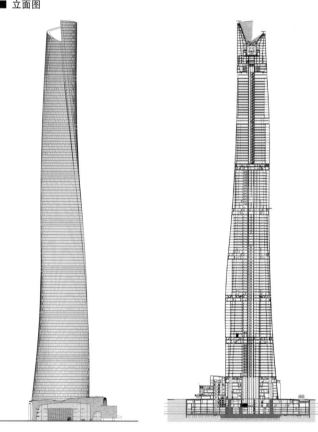

上海中心是陆家嘴商圈三座塔楼中最具前瞻性的一座。这座高 632 米、具有混合用途的建筑与金茂大厦、环球金融中心共同组成超高层建筑群。上海中心圆角三角形的底座来源于与其他两个塔楼的关系，同时也是对附近黄浦江弯道的回应。塔楼的六层裙房包含有商店、咖啡馆、餐厅和停车场以及浦东地区最大的会议中心。地下人行道连接着这座塔楼与相邻的超高层建筑，以及为该站点服务的交通站点。

© Blackstation

© Blackstation

上海中心的设计运用在垂直方向而非水平面内的小型院落和花园布置来体现包容和激活城市生活的理念。它的公共集合空间是使其从其他高层建筑中脱颖而出的 21 个空中花园。设计运用不对称塔式、逐渐变细的轮廓以及弧形转角，使建筑能够经受住上海常见的台风天气。通过风洞试验，建筑师和结构工程师对塔的形状进行了改进，使建筑风荷载减少了 24%，并节省了 5800 万美元的结构成本。结构体系采用混凝土核心筒和钢架巨柱系统，回应了由风气候、地震带和黏土土壤等带来的挑战。

该设计融合了两套独立的幕墙体系：在平面图中呈圆三角形的外层和圆形的内层。这两套幕墙系统为上海中心独一无二的空中花园提供了可能性。充满阳光的中庭像广场一样吸引人们聚集在这个共享空间，并给人提供了美好的空间感受和社交体验。团队通过参数化软件，在平衡性能、建造难易、维护和设计的基础上，设计出这层包括7000 多种不同形状的 2 万多块幕墙面板组成的表皮。这两层透明皮肤有效减少了采暖和降温的能耗。

塔楼采用了最先进的节水措施。顶部风力涡轮机为塔楼的外部照明提供电力，天然气发电系统为低区提供电力和热能。上海中心采用智能建筑控制系统来降低能源成本，单是照明控制每年就能节约超过 556 000 美元。

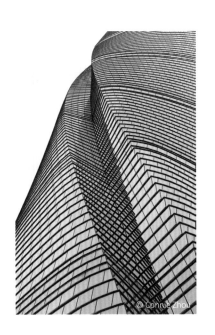

上海中心是上海的新标志，这座121层的大厦代表着上海在世界秩序中的地位。设计团队通过一系列综合策略解决了对于当今城市仍是挑战的弹性和城市设计方面的关键问题。上海中心提供了多种用途、资源节约、与区域公共交通的衔接，以及人性化空间，为日常生活增添了乐趣，为高层建筑的可持续性和以人为本提供了新思路。

© Connie Zhou

© Connie Zhou

■ 屋顶平面图

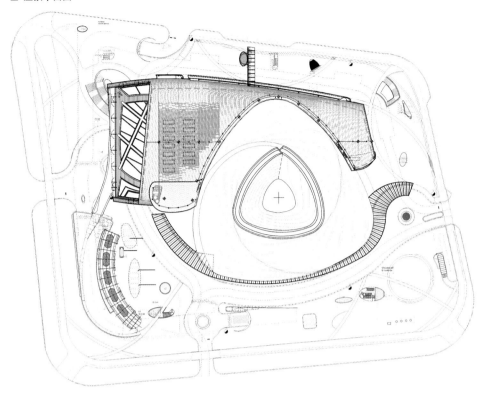

■ 首层平面图

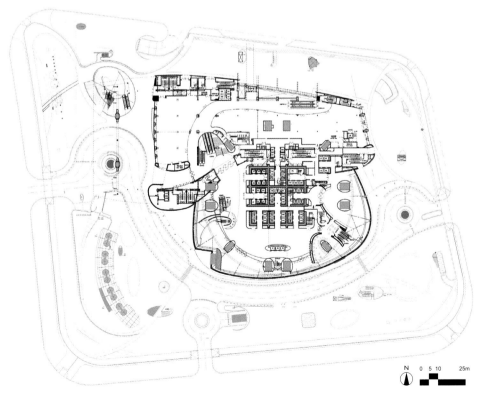

N 0 5 10 25m

© Connie Zhou

© Connie Zhou

© Connie Zhou

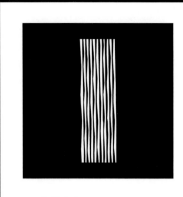

虹口 SOHO
Hongkou SOHO

项目地点 / 上海市虹口区武进路
项目规模 / 95 000 平方米
委托方 / SOHO 中国
设计单位 / 隈研吾建筑都市设计事务所
设计团队 / 隈研吾、长谷川伦之、林孜俐、陈威志、林枭
完成时间 / 2015
摄影 / 杰瑞·尹（Jerry Yin）、门野英知（Eiichi Kano）

■ 总平面图

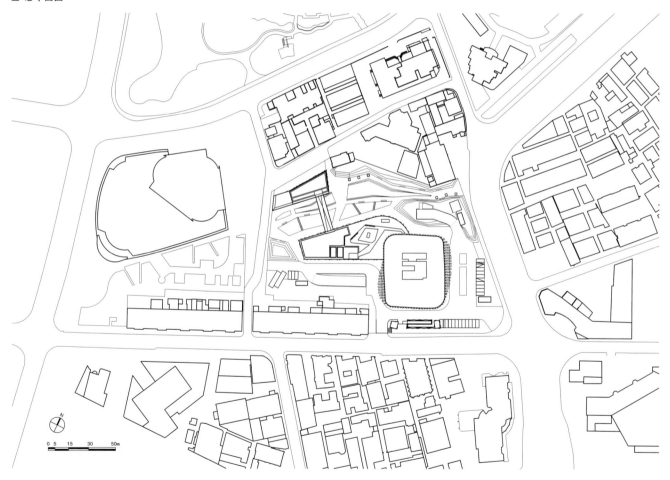

0 5 15   30   50m

上海虹口 SOHO 的主要功能为办公，其楼下还拥有一个共享空间也供办公使用。建筑师温和地处理了建筑与城市的关系，并具体表现在了对立面和公共空间的处理上。虹口 SOHO 那格外吸引人的外立面以及在建筑周边分布的公共空间传达出一种开放的意识。

面积达 95 000 平方米的建筑被包裹在一种折叠铝制网格的形式模式中，每个网格宽度
均为 18 毫米，且彼此连接形成一个整体。你可以把它想象为一种编织的花边形式，而
隈研吾和他的同事则将它形容为女性柔软的衣裳。除此以外，随着一天中时间的改变
和太阳位置的变化，这个褶皱外表皮会产生光与影的一个有趣的纹理形状变化。建筑
公共空间的内部装饰像是生物的皮肤，室内石头材质和铝条的搭配使用创造出了一种
与传统"硬"建筑完全不同的氛围。在建筑内部，办公空间延续了褶皱这一主题，这
一点在天花板和墙壁上都有所反映，这在两层高的中庭空间尤为明显。这些有机的和
雕塑般的墙面在各个表面间起伏和变化，给予周边环境一种动态活跃的氛围。

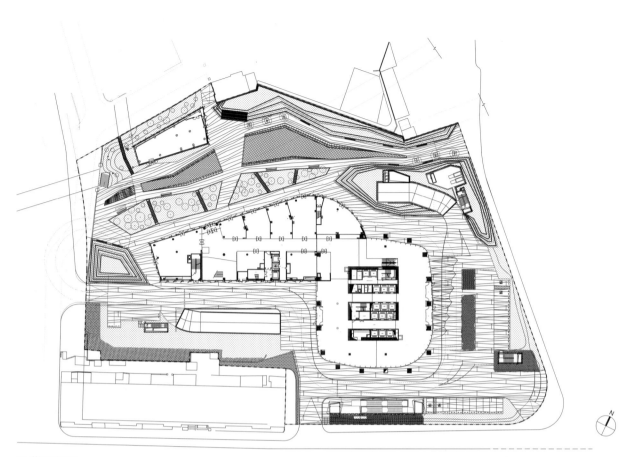

■ 首层平面图

■ 立面图　　　　　　　　　　　　　　　■ 剖面图

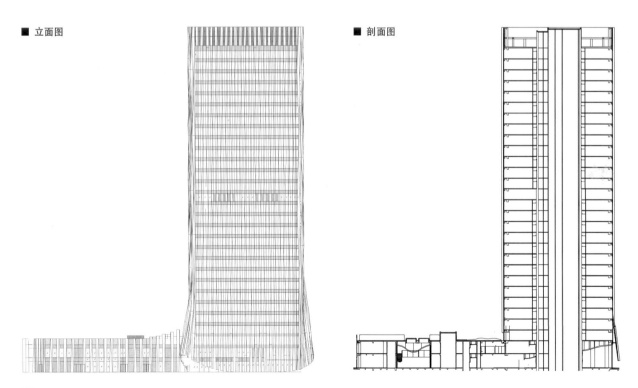

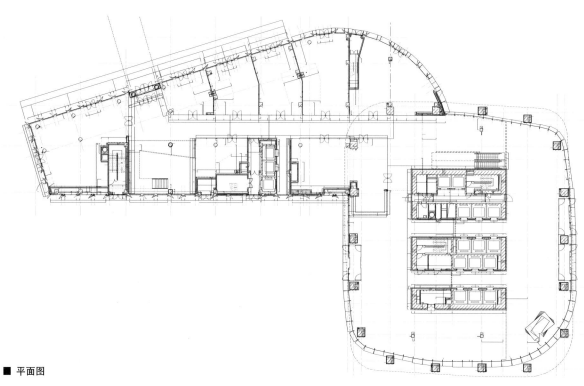

■ 平面图

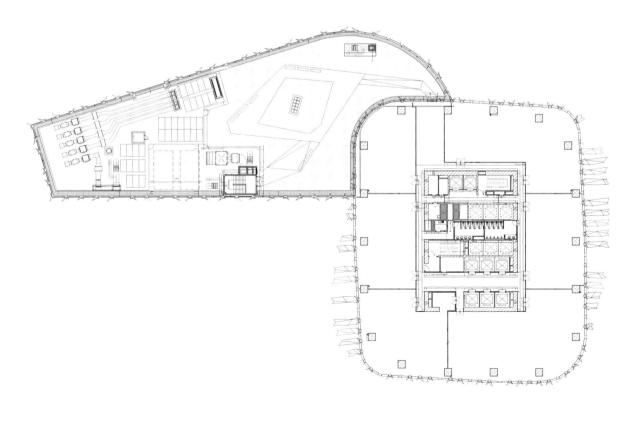

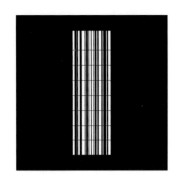

SOHO 复兴广场
SOHO Fuxing Lu

项目地点 / 上海黄浦区复兴中路
项目规模 / 71 565 平方米（地上），
64 975 平方米（地下）
委托方 / SOHO 中国
设计单位 / 德国 gmp 国际建筑设计有限公司

合作设计 / 华东建筑设计研究院
主设计师 / 曼哈德·冯·格康和斯特凡·胥茨以及斯特凡·雷沃勒
完成时间 / 2015
摄影 / 克里斯蒂安·加尔（Christian Gahl）

■ 东立面图

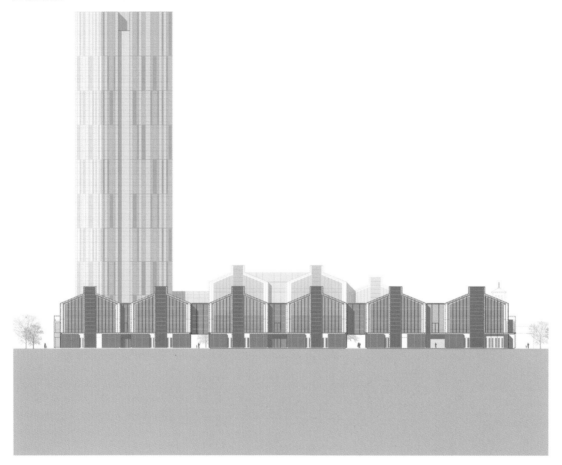

上海原法租界内坐落着密度较大的联排建筑群，也就是被称为石库门的里弄式住宅。"里"意为"邻里"，"弄"则为贯穿邻里的狭窄街巷。"里弄"内保留有私密的城市空间，这是上海历史发展过程中形成的一种独特的都市空间形态。

SOHO 复兴广场为一座由办公空间、商业配套和餐饮设施构成的城中之城，其在尺度与街道走向布置上延续了周边街区的现状，同时也尊重了现有的历史建筑，以遗留的城市肌理弥合了老街区与新街区之间意义重大的交会之处。SOHO 复兴广场将致力于为行业领先的新兴创业企业提供服务。

建筑综合体由九座拥有坡屋面、东西走向的长方形建筑单体以及一座拔地而起、脱颖而出的高层建筑构成。在街区内部，巷陌和一道中央轴线交织贯通而成交通网络，所有街道均通向一座设有餐饮设施的中央广场。广场中心一个圆形的入口连接了位于地下的商业街与地铁站。

建筑的幕墙与屋面采用了浅色且宽窄不一的天然石材条形饰面板。与浅色条带装饰形成鲜明对比的是玻璃幕墙的深色金属框架。建筑群回避了一味仿古怀旧的建筑语汇，塑造了如同抽象画般的幕墙形象，强调了上海内环核心区的都市感和现代感。SOHO 复兴广场在落成后获得了绿色建筑 LEED 金级认证。

■ 剖面图

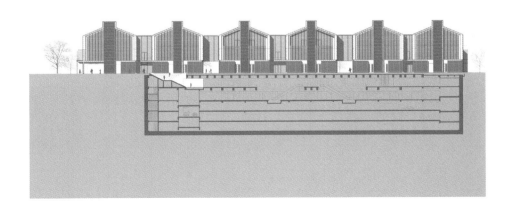

■ 二层平面图

■ 三层平面图

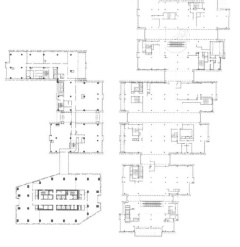

■ 一层平面图

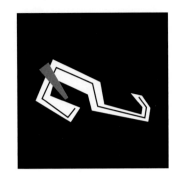

龙湖虹桥天街
Longfor Hongqiao Mixed-use Project

项目地点 / 上海市虹桥商务区
项目规模 / 513 800 平方米
委托方 / 上海龙湖置业发展有限公司
设计单位 / Aedas 建筑设计事务所
主设计师 / 林静衡、祈礼庭
完成时间 / 2016
摄影 / Aedas 建筑设计事务所

■ 总平面图

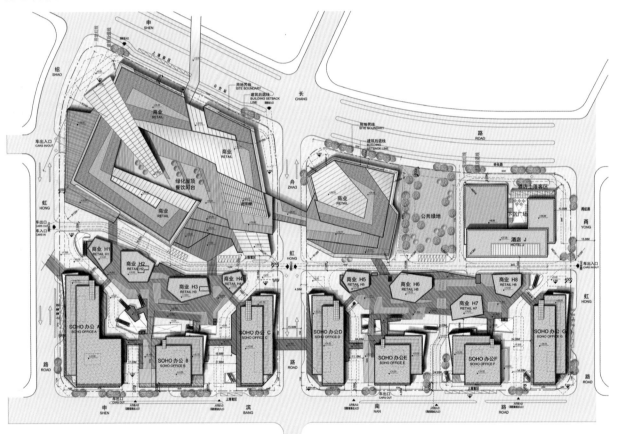

龙湖虹桥天街地处虹桥商务区一期 05 号地块，东临城市主干道申长路，西临申滨南路，北临绍虹路，南临甬虹路；舟虹路将其划分为两个街坊。05 号地块四面临街、一面滨水，非常适合进行商业开发。Aedas 建筑设计事务所作为建筑总体设计和室内设计单位，完成项目包括虹桥天街综合体和 SOHO 办公，总建筑面积为 513 800 平方米。

■ 手绘图

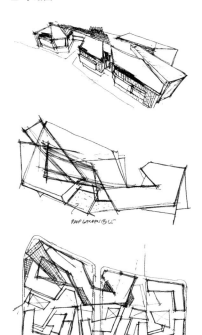

龙湖虹桥天街综合体以盘龙为设计概念。盘龙形成的曲折形态及平面布置，使商场设计贯通南北地块，整个项目功能布局上分为三大区域：精品商业与文化娱乐区、精品酒店及南地块商业区、办公和小型商铺区。三大区域地下室连成一个完整区域，并巧妙地利用地下商业街与空中连廊进行衔接。线性的平面设计有助于商业零售空间整齐排列，为购物者提供方向明确的内部导引，形成极具方向性的购物空间，以此增加人流量，提升商业效益。

商场层层退台环抱核心露天商业步行街，沿路设置几何形状的小型商业贯穿南北地块，与空中连廊的口袋空间及小型商业平台互相呼应，提供特色室外空间，此为项目一大亮点。立面贯彻设计概念，如空中翻腾的金龙表面包覆着。白色铝板配合特色 LED 灯，象征着龙鳞，动态的外形及高低起伏的空间沿着立面交替出现，不但点出商场潮流及动感的定位，宛若盘龙的曲折布局还提供更多户外商业幕墙以及公共空间。

西面 SOHO 办公的布局则简单有序，以体现高效能及实用性为本，主要布置板式及点式办公楼层，沿道路而建，环抱核心露天商业步行街及二层走廊空间，并有商业平台散布于步行街两旁，建筑风格统一以现代形式为主，创造舒适、简洁的商务空间。空中连廊为整个项目的一大特点，于二层设置连桥贯通各楼群及周边项目，复合型的空中廊道使商业与办公楼互相连接，整合了直通化、商务化、景观化、社区化、标志化等多目标为一体的步行体系。

■ 立面图

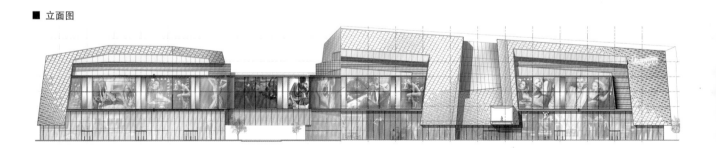

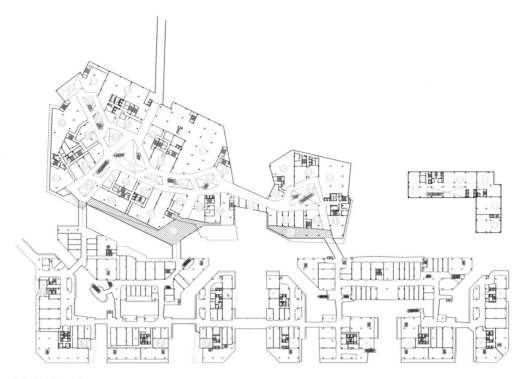

■ 二层平面图

① 零售
② 商铺
③ 餐饮
④ 银行
⑤ 专业百货
⑥ 大堂吧
⑦ 上空
⑧ 办公大堂
⑨ 餐厅／商业
⑩ 餐饮阳台

■ 首层平面图

上海星荟中心
Shanghai Landmark Center

项目地点 / 上海虹口区
项目规模 / 161 000 平方米
委托方 / 香港建设（控股）有限公司、上海广田房地产开发有限公司
设计单位 / Aedas 建筑设计事务所
主设计师 / 柳景康
完成时间 / 2016
摄影 / Aedas 建筑设计事务所

上海星荟中心，位于上海著名的苏州河北岸四川北路及乍浦路的商业中心核心区，地理位置优越且交通便利。项目的东向及南向坐拥北外滩和黄埔江景色，在城市中享有极佳的景观。项目北侧现存众多低矮民居，周边现存有多座历史保护建筑，包括上海市邮电局、公济医院、新亚酒店、瑞康公寓及外白渡桥等，形成本区域明显的城市脉络。这一新建综合发展项目将商业中心与居住社区完美衔接，连接上海的新老城区。

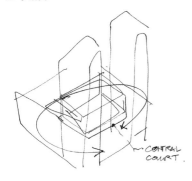

■ 手绘图

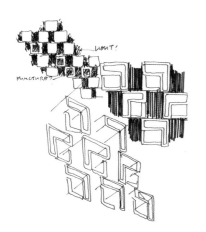

呼应充满活力的周边环境和东北方向的低层住宅建筑，这一商业项目由地块南部的两座塔楼和地块北部的零售部分组成，拥有一个开放的用于餐饮和户外文化商业活动的中央广场。新建建筑群依地块四个长边而建，延续城市肌理。四个角落留出开放空间，为城市中的脉络增添疏密有致的效果，以作为吸聚人气的过渡空间。项目体量及朝向凸显建筑层次感，优化邻近住宅体块的自然光照及通风。中央广场以商业零售地上及地下部分连接周边区域，源源不断地吸引人流，为传统商业中心注入全新的动力。

该项目设计灵感来源于附近传统建筑的"栅格"形象，以当代语言重新诠释东方元素，并营造令人印象深刻的主题，增加与邻近地区的联系，为项目确定了基调和个性。塔楼方正的外形延续周围历史文化建筑的风格，给人留下平衡开阔、大气恢弘的印象。塔楼立面的这种现代诠释与典型玻璃塔楼相比，降低了反射率，减少了对邻近建筑的光污染和干扰。这一鲜明的东方主题延伸到零售模块，不仅在外立面上作为装饰性屏幕，同时也为内层增加了有趣的动画灯光图案：白天平稳而静谧，富有传统魅力；夜晚则由灯光透过栅格射出变得通透而清澈，充满现代活力。

宽敞的购物走廊贯穿整个商场，并连接各个出入口及中庭和广场。两座塔楼之间的三至四层亦设置连廊，形成环形的商场空间，有效引导行人流线和优化空间体验。中央中庭设有玻璃天幕，将自然光线带入商场核心。裙楼屋顶同时提供大量绿化，除可减少能源消耗外，还打造出一个具有吸引力的公共空间。

该项目面临的最大挑战是在一座新建筑中展现历史城市的完整性和能量，以及确保建筑当前和未来使用的最大灵活性。简洁明快的矩形形态与历史建筑及周边新建建筑群所形成的城市肌理恰当融合，双塔象征虹口区入口，塔楼高度同时平衡了该地区的城市天际线，成为苏州河畔上海天际线中的地标性建筑。

花瓣楼
Hongqiao CBD

项目地点 / 上海市虹桥商务区
项目规模 / 15 000 平方米
委托方 / 中国协信地产
设计单位 / MVRDV 建筑设计事务所
完成时间 / 2016
摄影 / hen Photo 工作室

■ 总平面图

虹桥商务区核心区北片区 12 号地块为协信中心项目，共包括 110 000 平方米的办公楼，47 000 平方米的零售空间，及 55 000 平方米的停车场。MVRDV 建筑设计事务完成了 12 号地块的建筑设计和场地规划。除了花瓣形的标志性建筑，还包括共 9 栋MVRDV 建筑设计事务设计的办公楼及 Aedas 建筑设计事务所设计的地下街。花瓣楼

是 MVRDV 建筑设计事务在协信中心总体设计中的第一幢建筑（15 000 平方米的甲级写字楼）。

花瓣楼将四个塔楼的顶端融合在一起，中间围合形成广场空间，可分可合的四幢办公楼可以分开租赁或整体出租。建筑首层的大面玻璃作为零售空间。该建筑平面使用圆角的形式，以最大程度地减少外墙数量和扩大视野，悬臂采用自遮阳体系。白色的外墙采用由极轻但高度绝缘的玻璃纤维增强的混凝土（GRC）板，提供了略有变化并延展的网格，使得地面部分更加通透，而上部则提供较小开口，以尽可能地减少建筑能耗。花瓣楼结合了自然通风、雨水收集、透水路面、屋顶绿化、高效保温等设计，使之最终获得了绿色三星建筑认证。

该建筑位于附近一个新的地铁站入口，如同行人的指路明灯，设计师结合灵活通用的办公空间，设计出了一个如村庄般的城市设计，为使用者提供亲密和友好的户外空间。

■ 立面概念

第一步：
网格连续立面

第二步：
首层变宽针对首层商业
引入更大开口

第三步：
渐变效果缩小上层开窗
以提高能耗效率

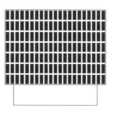

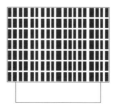

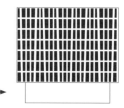

1: 网格
连续立面

2: 移动网格
引进不同的开窗尺寸

3: 竹墙效果
引进不同的角度

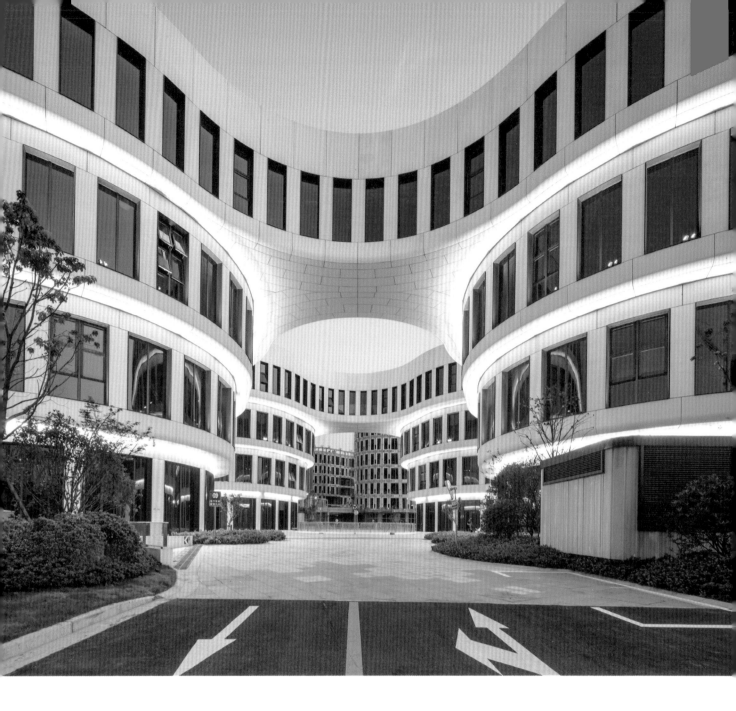

上海宝业中心
Shanghai Baoye Center

项目地点 / 上海市虹桥商务区
项目规模 / 27 394 平方米
委托方 / 宝业集团股份有限公司
设计单位 / 零壹城市建筑事务所

设计团队 / 阮昊、詹远、盖理·何（Gary He，音译）、李琰、童超超、金善亮、德温·杰尼根（Devin Jernigan）
完成时间 / 2017
摄影 / 苏圣亮、胡娴娟

■ 设计图解

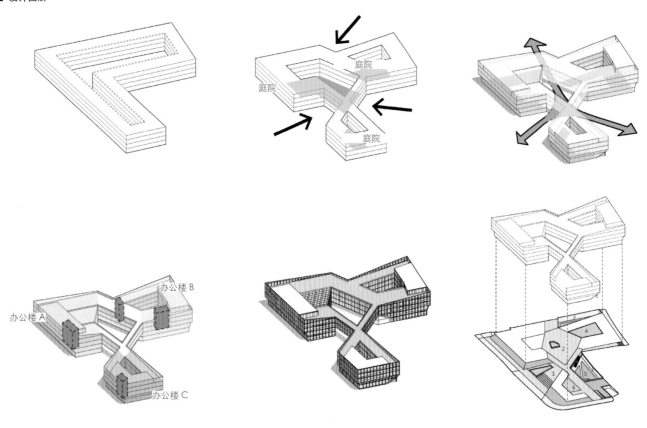

上海宝业中心是上海虹桥商务区二期开发的一部分，位于上海市西面的高速发展区。场地位于公路、铁路和航运交通枢纽的交会点，也是人们在高铁从南面进入虹桥火车站前能看到的最后一座建筑。这是整个虹桥商务区三个完全由企业自主设计、开发、使用的地块之一。

宝业中心的基地由城市规划的两块绿地挤压成了 L 形，东面、南面和西面要求 60% 的建筑红线贴线率，北面紧邻一条 24 米高的横跨而过的高架公路，同时建筑容积率不得超过 1.60，建筑高度不超过 24 米。应对基地的不利条件，设计师根据西面入口、东南面公园和北面绿地对体量边界进行挤压，形成三个各自独立又相互顶角的庭院，这三个庭院被塑造出不同的性格：中心庭院作为人流汇聚点最为开放，也是公众活动集中的场所；南面的庭院联系中心庭院和东侧的公园，是半开放的景观庭院；北侧的庭院是由建筑围合的水院，为办公提供静谧的场所。由这些操作带来的体量围合与空间序列，功能性使用和游走性体验的平衡，是对当代办公楼"面积效率至上"的法则的突破。在适当牺牲面积效率的同时，通过组织室外景观绿化与室内和谐共存，引入室内更多的阳光、景观与通风，给予使用者更多层次的建筑体验与空间感，以创造一个充满启发性的办公环境。这也更符合自用型办公建筑的逻辑。

立面设计以模块化的遮阳屏板组成，屏板水平向的渐变赋予了立面流动性，和空中连廊一起形成桥与水的意向。数千个屏板由玻璃纤维增强混凝土（GRC）板制成，运用数字化算法对单元格进行逻辑分析形成幕墙优化方案，使得最终用 26 种单元屏板就能组成整体立面上的变化，并贯穿幕墙施工深化和施工过程。每个屏板也是集合外围护、采光、遮阳、通风、夜景照明为一体的立面构件，它们先在工厂里预制组装，然后将组装好的屏板运输到现场，吊装装配起来。在这之前，屏板是事先通过 4 个 1:1 大小的视觉样板进行了两年的风吹日晒实验，清洁度和精密度还保持很高的水准，之后才开始进行装配式建造。

宝业中心可能是目前零壹城市完成的最重要的项目，虽然在幕墙照明、景观设计等很多方面都能看到完成度上的严重不足，但年轻的团队在其中的坚持和付出依然是值得肯定的。

■ 西立面图

■ 南立面图

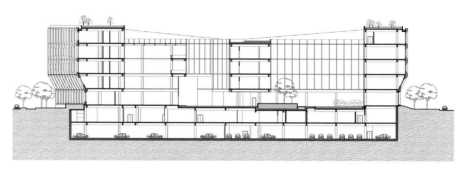

■ 剖面图 A-A

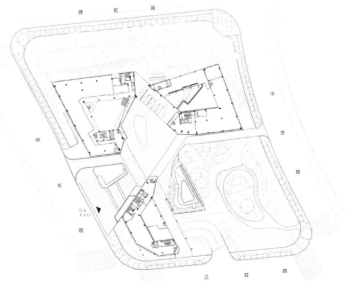

■ 一层平面图

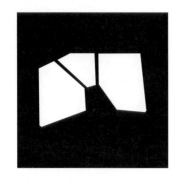

刘海粟美术馆迁建工程
Liu Haisu Art Museum

项目地点 / 上海市长宁区延安西路
项目规模 / 10 322 平方米（地上），2218 平方米（地下）
委托方 / 刘海粟美术馆
设计单位 / 同济大学建筑设计研究院（集团）有限公司
完成时间 / 2015
摄影 / 章勇

■ 总平面图

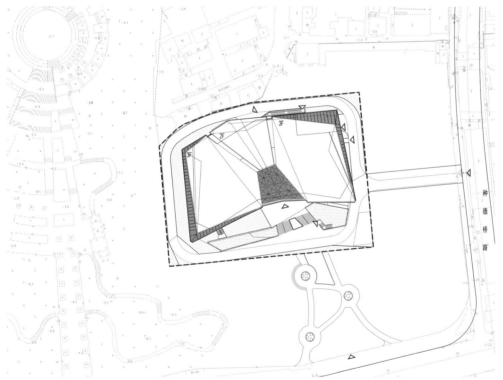

刘海粟美术馆迁建工程是上海市重大文化建设项目，总用地面积 6000 平方米，地上三层地下两层，高度 23 米，总建筑面积约 12 540 平方米，是集美术馆、博物馆和刘海粟个人纪念馆功能为一体的综合场馆，设计标准为国家重点美术馆。

刘海粟美术馆迁建工程的设计从刘海粟深厚的人生与艺术积淀中汲取灵感，设计取意其不拘一格、激情豪气的人生态度及艺术气质，以耸立的形体、倾斜的中庭和大气的入口呼应原美术馆的造型，通过大手笔的体量切割塑造出强烈的雕塑感。

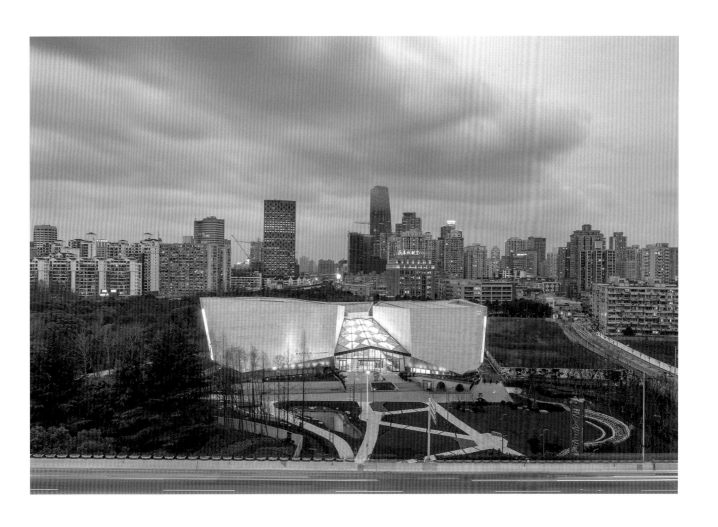

美术馆的设计立意"云海山石"取意于刘海粟一生"为师为友"的黄山。山浮云海之上，高洁轻灵，既是国画永恒的主题，也是东方传统艺术中抽象审美哲学的精神内核。建筑实体富有力度感的折面勾勒出简约的建筑体量。中庭玻璃天窗的分隔与走向沿袭中国古典建筑的椽与屋檐，将东方文化与诗意的静谧融入美术馆。现代与传统、东方艺术与西方美学有机地融合，既是刘海粟一生的艺术成就，也是刘海粟美术馆的设计理念。美术馆以中庭为核心，主流线与公共空间有机融合，将交通区域与不同的展厅联成起伏变化的流动空间。建筑平面功能布局上分区明确，动静明晰，将美术馆的功能予以最大的延伸。

刘海粟美术馆迁建工程地面层以上为钢结构，充分发挥钢结构的特点以着重体现设计的雕塑感，以及丰富及富有变化的展示空间。设计始终在功能、形式与专业的设备技术要求中寻求平衡，在如悬挑结构、富有挑战性的幕墙设计以及极为紧凑的平面布局等设计处理中需被充分考虑的因素，使之达到效率的最优化。

■ 东立面图

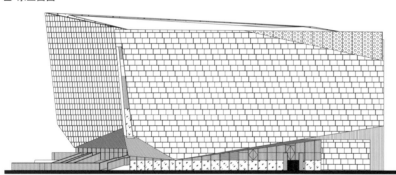

■ 西立面图

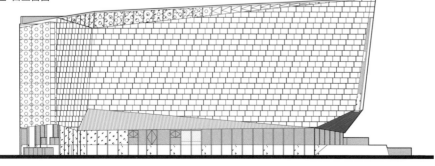

0 2 4 8 12   20m

■ 南立面图

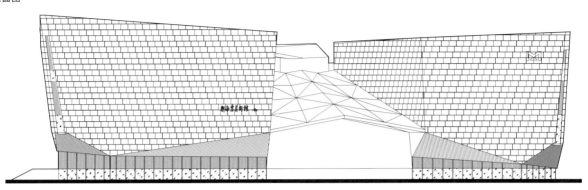

■ 剖面图

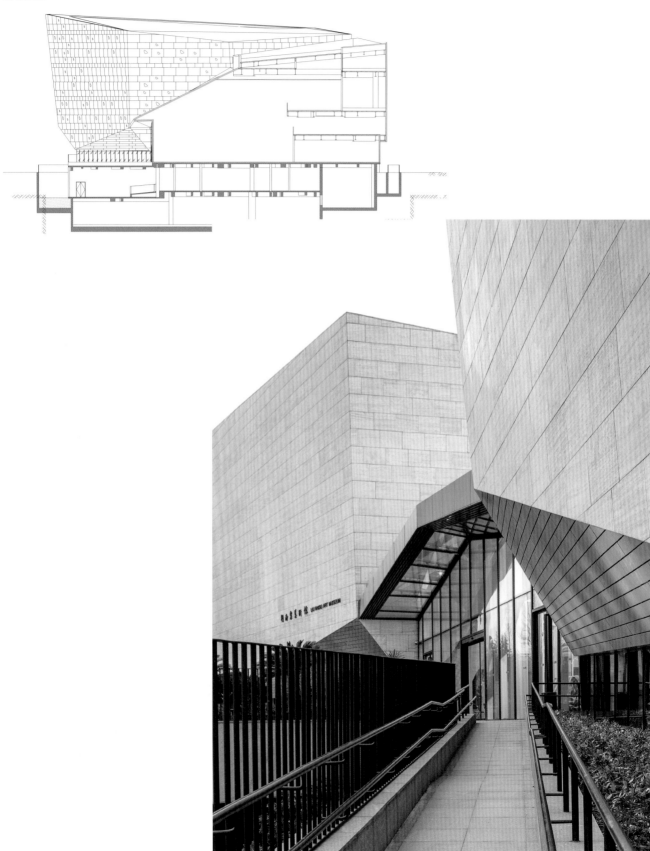

■ 三层平面图

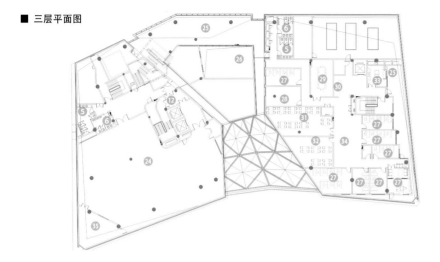

■ 二层平面图

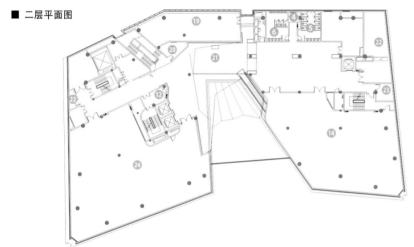

■ 首层平面图

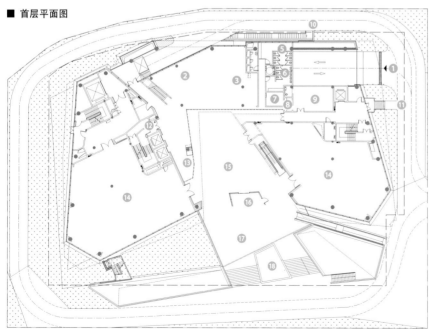

① 地下非机动车库入口
② 茶座
③ 艺术配套服务
④ 无障碍厕所
⑤ 女卫生间
⑥ 男卫生间
⑦ 行李寄存室
⑧ 茶水间
⑨ 贵宾室
⑩ 地下机动车库出入口
⑪ 员工、VIP 入口
⑫ 前室
⑬ 领票问询导览
⑭ 临时陈列厅
⑮ 序厅
⑯ 安检区
⑰ 美术馆主入口
⑱ 花池
⑲ 设备平台
⑳ 母婴室
㉑ 公共走道
㉒ 准备间
㉓ 服务间
㉔ 常设陈列厅
㉕ 露台
㉖ 常设陈列厅上空
㉗ 行政办公
㉘ 数据机房
㉙ 会议室
㉚ 前台
㉛ 研究档案室
㉜ 艺术设计室
㉝ 接待室
㉞ 休息区
㉟ 模拟画室

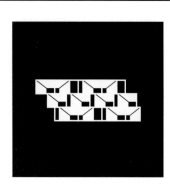

上海棋院
Shanghai Qiyuan

项目地点 / 上海市南京西路
项目规模 / 12 424 平方米
委托方 / 上海棋院
设计单位 / 同济大学建筑设计研究院（集团）有限公司
设计团队 / 曾群、吴敏、汪颖、朱圣妤、刘毅、姚思浩、蔡玲妹
完成时间 / 2016
摄影 / 章勇

■ 总平面图

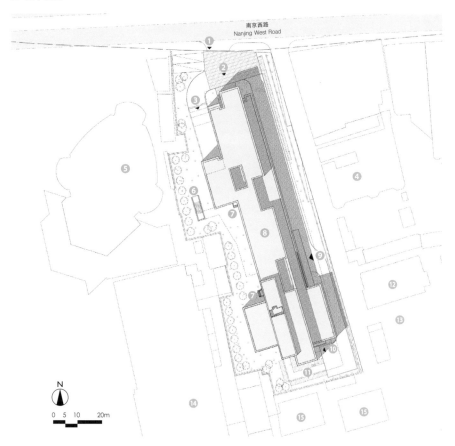

① 车行出入口
② 比赛厅入口
③ 地下车库出入口
④ 底商住宅
⑤ 广电大厦
⑥ 人防出入口
⑦ 疏散口
⑧ 上海棋院
⑨ 办公入口
⑩ 货运入口
⑪ 非机动车停车场
⑫ 教学楼
⑬ 静安区社区学院南西分院
⑭ 广电大厦演播楼
⑮ 周边住宅

上海棋院项目地处上海市繁华商业区南京西路，为南北向狭长地块，南北长约 140 米，东西最窄处约 40 米。沿街空间是对城市开放的，越往里走氛围越加收紧。在纵深方向，功能布局顺应了基地特质，从外往里，空间从动走向静，从开放走向内敛，对应的功能由开放门厅过渡到公开比赛大厅，再到内向的展厅。在面宽方向，设计中将室内和

室外的虚实空间交错布局，以墙围院，以院破墙，从而在狭小的用地内争取外部空间。变换的"棋盘"侧墙像是一个光筛，自然过渡了建筑内外，顺应着功能而有机变化。

通过院与墙的结合融合了中国传统建筑的精髓，以现代的手法体现传统空间，建筑整体形态完整统一，庭院的运用使得建筑整体充满了中国意味。以安静祥和的姿态出现在充满商业意味的南京西路，与周边建筑形成强烈的对比和反差，从而突出建筑的文化形象。

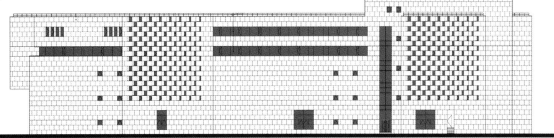
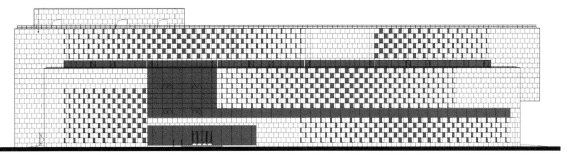

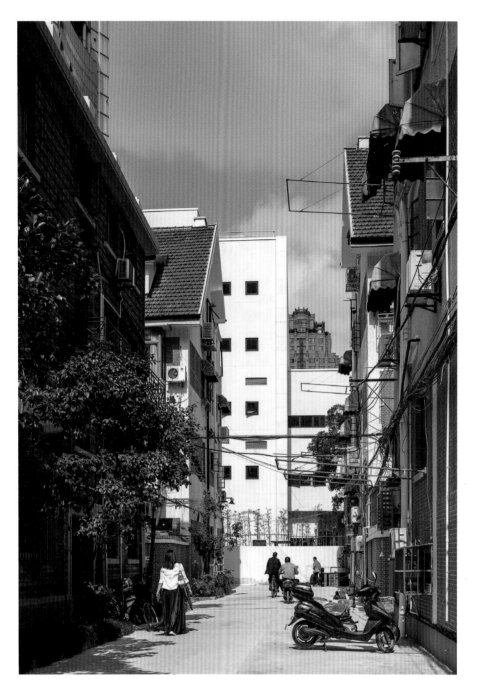

■ 剖面图

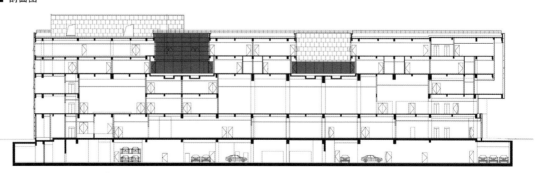

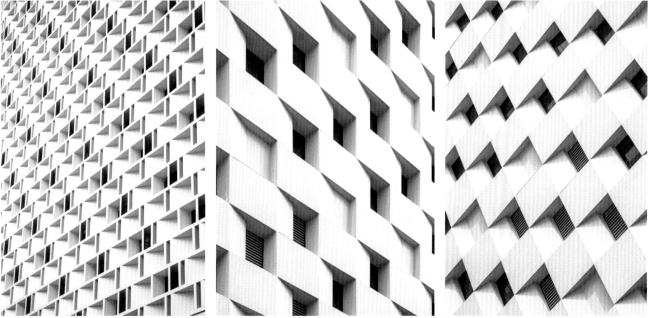

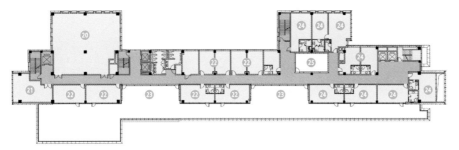

■ 四层平面图

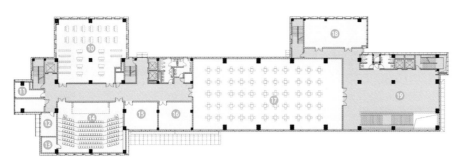

■ 二层平面图

① 人防出口
② 变电所
③ 棋牌历史演示厅
④ 门厅
⑤ 贵宾休息室
⑥ 办公及贵宾入口
⑦ 200 席比赛大厅
⑧ 观众入口
⑨ 人行出入口
⑩ 44 席棋牌图书阅览室
⑪ 消毒室
⑫ 管理用房
⑬ 控制室
⑭ 142 席观赛厅
⑮ 裁判休息
⑯ 决赛对局室
⑰ 220 席多功能比赛大厅
⑱ 运动员休息
⑲ 休息厅
⑳ 体能训练用房
㉑ 休闲用房
㉒ 教学科研用房
㉓ 屋顶花园
㉔ 专业训练用房
㉕ 庭院

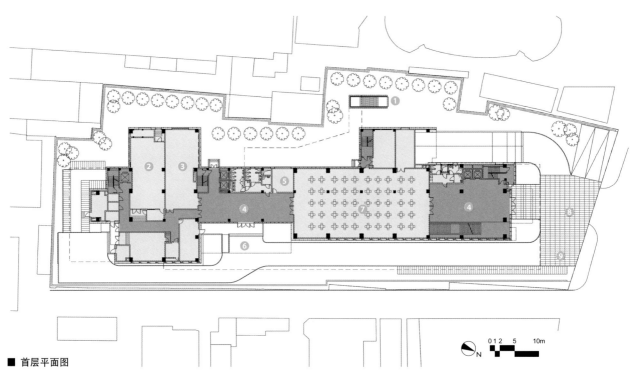

■ 首层平面图

0 1 2   5   10m
N

上海自然博物馆新馆
Shanghai Natural History Museum

项目地点 / 上海市静安区北京西路
项目规模 / 44 517 平方米
委托方 / 上海科技馆
设计单位 / 美国 Perkins+Will 建筑设计事务所
合作单位 / 同济大学建筑设计研究院
主建筑师 / 拉尔夫・约翰逊
完成时间 / 2015
摄影 / Steinkamp 摄影工作室

■ 总平面图

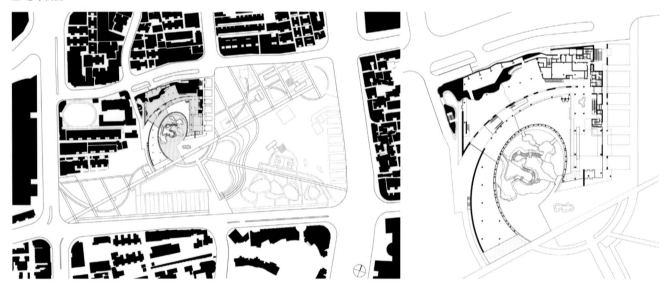

上海自然博物馆的设计灵感源自传统的中国园林，注重自然灵气与建筑实体的浑然结合。博物馆位于市中心的雕塑公园内，建筑平面呈螺旋之势缓缓而上，轻柔地环抱着椭圆状的镜面水池，让人不禁联想到自然界最纯粹的几何形态之一——外形协调和比例适中的鹦鹉螺壳。博物馆通过与项目场地、夸张的室外特征及室内细节之间的联系，彰显出人与自然的和谐感。

椭圆形的庭院之中拥有一座叠式花园，从中国传统的园林山水汲取精华，假山错落，水流潺潺。外立面的结构层和遮阳屏对中国传统园林亭榭当中的图案进行抽象性表达，同时还通过细胞墙——围绕建筑体量螺旋上升的锥状倾斜椭圆体，与人类细胞形成关联。细胞墙总共由三层结构组成，其中中间层为铝板包面的结构钢墙体，朝外的一层是室外铝制遮阳屏，朝内的一层则是从外部吊装起来的由三角体组合而成的幕墙系统。细胞墙从山水庭院和室内中庭的基面一直盘旋伸展到建筑屋顶，跨度最高达到 30 米。

■ 设计草图

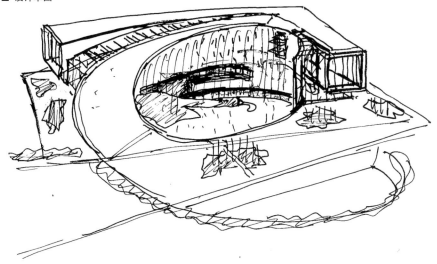

建筑北立面在客车落客区沿线设置团体观众入口,立面图案暗喻地壳板块的移转变迁。东立面则由水培植物花盆覆盖起来,形成一道生态绿墙。将雕塑公园的景观水平面引到建筑结构的垂直面上,构筑起一道风雨拱廊,并以此表现地球表面的天然植被。通过自然景观的搭配组合以及种种建筑特征,设计将人们的意识聚焦到自然界的基本元素上来,其中包括植物、土壤和水,等等。设计还将兼具实用性和体验性的可持续策略结合其中,包括利用细胞墙使室内大部分区域获得间接的自然采光;通过生态绿墙和绿化屋顶来改善周围的空气质量并进行雨水收集管理;运用中央山水庭院提供蒸发制冷,并将雨水和废水收集到地下储罐当中实现回收再利用。

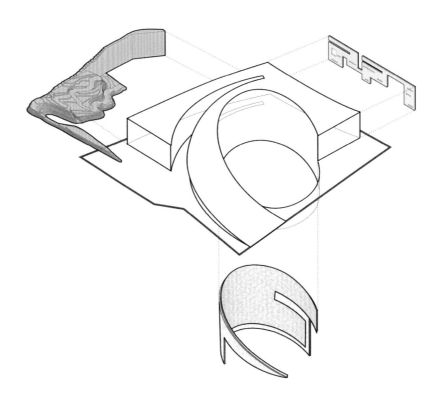

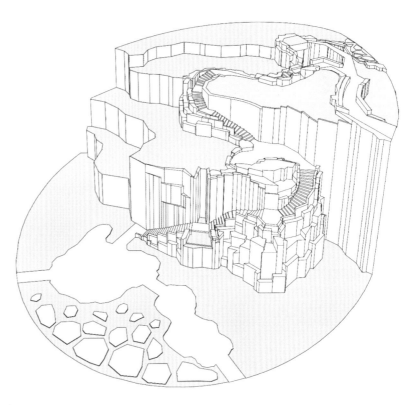

■ 设计图解

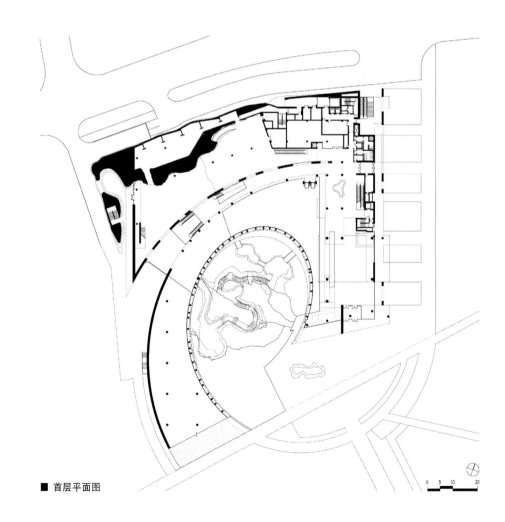

■ 首层平面图

0　5　10　　　20

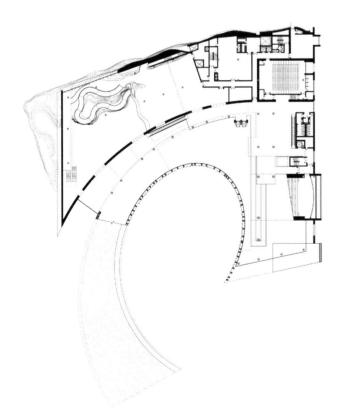

■ 二层平面图

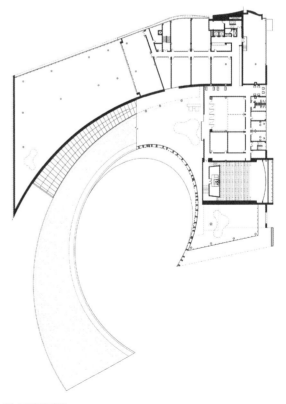

■ 三层平面图

延安中路 816 号修缮及改扩建（解放日报社）
NO.816, YAN'AN ZHONG ROAD (OFFICE OF JIEFANGDAILY)

项目地点 / 上海市静安区延安中路
项目规模 / 5370 平方米
委托方 / 上海文新经济发展有限公司
设计单位 / 同济大学建筑设计研究院（集团）有限公司
设计团队 / 章明、张姿、肖镭、席伟东、冯珊珊、黄晓倩、王瑶、濮圣睿
完成时间 / 2016
摄影 / 章勇

■ 总平面图

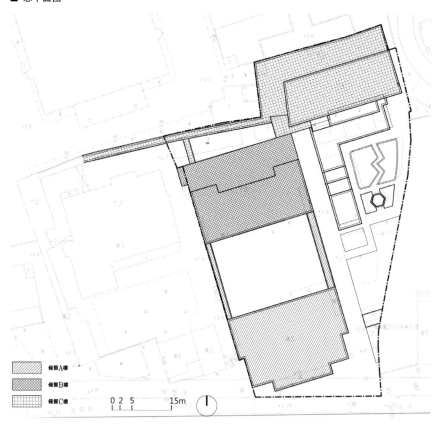

保留A楼
保留B楼
保留C楼

0 2 5   15m

1933 年，林瑞骥先生设计的严同春宅落成，建筑总体布局为中国传统的两进四合院，然而建筑造型和建筑装饰则大都采用西方形式，只是在外观上略加中国图案。新中国诞生后，先后作为上海市仪表工业局办公楼及上海仪电控股（集团）公司总部。1998年延安路建高架，拓宽马路，该花园住宅第一进被拆除，主楼和花园被保存了下来，

后作为酒店、旅馆等商业用途。门牌号——延安中路816号。1994年2月15日，该建筑被认证为上海第二批优秀历史建筑。

该项目的设计旨在通过对历史建筑的保护和解读，更新并激活城市空间秩序，充分提升传统街区的当下社会价值及文化内涵。建筑及场所始建至今，内部院落始终作为核心空间构成元素存在，因此设计保留了核心内院，通过景观整治和立面修缮等方式，强化庭院的主导地位，同时整理院廊空间体系，突出层层递进、景观渗透的空间特质。

设计师在改建过程中尊重了老建筑的真实的状态：保留既成的当下真实，充分保护原始的状态和后续的改动。历史建筑的保护由"原初状态的复原"向"当下真实的保留"转变，历史建筑的现存状态更加反映了当下真实的历时性和即时性。设计师结合功能的有限介入，使当下的活动参与历史的连续建构。历史建筑不应是历史的见证，通过对主体性的认知，历史建筑可以自觉的介入当下，成为一种自明性的建构过程。

应对建筑办公功能的使用诉求，设计师提出绿色生态办公模式。通过对保留花园的整理和保留建筑的改造更新，注入新时代新元素新需求，叠合传统街区的空间秩序，丰富了历史场所的时间积淀。

■ 南立面图

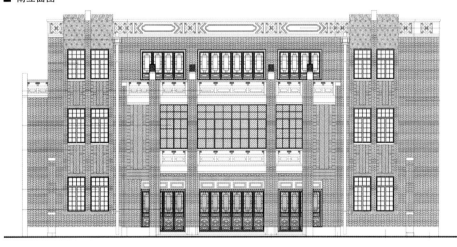

■ 东立面图

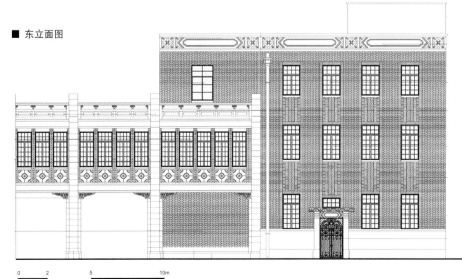

0   2   5   10m

■ 透视图

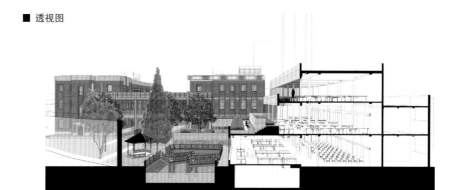

■ 剖面图

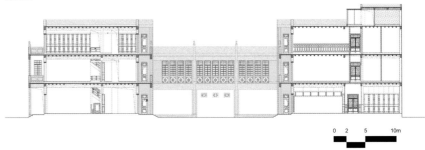

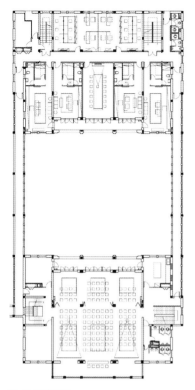

■ 二层平面图

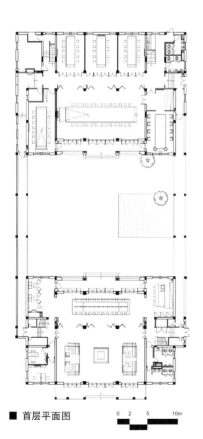

■ 首层平面图

0 2 5 10m

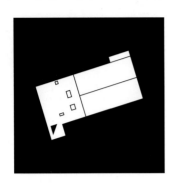

上海大戏院改造
New Shanghai Theatre

项目地点 / 上海徐汇区复兴中路
项目规模 / 845 平方米
委托方 / 湖南路街道
设计单位 / 如恩设计
主设计师 / 郭锡恩、胡如珊
完成时间 / 2016
摄影 / 佩德罗·佩格诺特（Pedro Pegenaute）

■ 总平面图

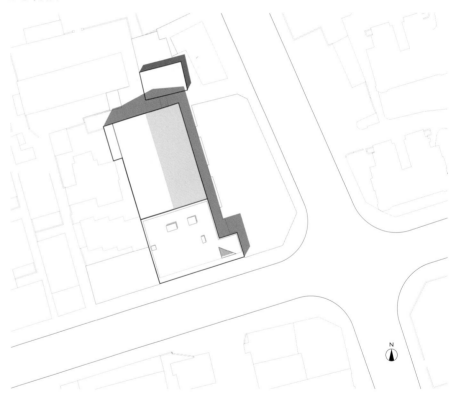

项目的前身是一座建于 20 世纪 30 年代的电影院，现存的建筑在过去的几十年中经历了数番改造，期间剥除了很多原有的特色和细节，最后留下来的是一座杂糅了各种风格和功能的建筑。因此，设计所面对的最大挑战是如何清晰且统一地重现这座历史建筑，让它能够为现在所用的同时，更具有成为一座地标建筑的潜力，并持久地存在于上海这座千变万化的城市里。

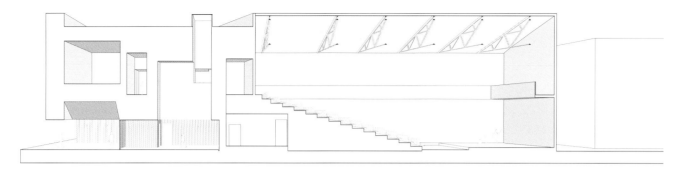

■ 剖面图

从街面上看去，改造后的建筑如同一块悬浮在地面上的巨石，坦然且紧密地嵌入相邻的建筑物之间。除地上一层之外，其余楼层的表皮皆采用石材包裹，表面放弃开口，凸显出向内的天光。建筑师从剧院的功能汲取灵感，在室内外的中庭采用雕刻的手法，打造出犹如戏剧场景一般的空间。观者在深入体验建筑的过程中，能够感受到场景的戏剧感会随着空间和光线的变化而不断增强。屋顶的天井为室内引入不断变化的自然光，从而制造出动态的空间，夜间的室内照明也模拟类似的光线变化，增添了更多的戏剧色彩。

一层的内部空间采用带有弧形凹面的铜条饰墙，犹如旧时剧场的幕布一般，将观者引入剧场。轻盈的幕布效果和上层所用石材的厚重也形成了鲜明的对比。戏院的入口和售票区向建筑内部退进，形成一个半开放式的公共广场，从而连通了室内外的空间，模糊了两种空间之间的界限。因而，公众或任何偶然经过的路人，无论有没有买票，都能够或多或少地窥见到这座建筑散发出的戏剧气质。

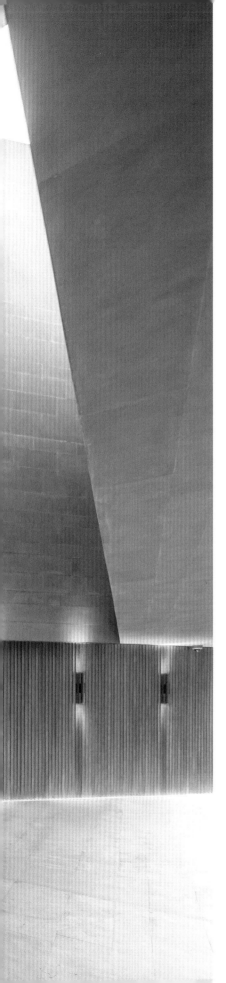

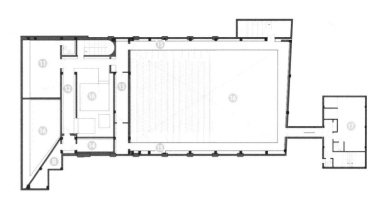

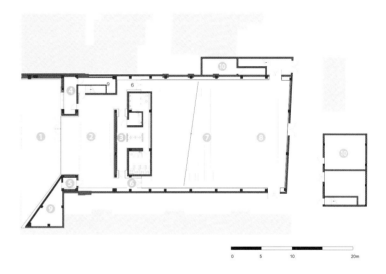

① 入口广场
② 观众厅
③ 洗手间
④ 售票处
⑤ 衣帽间
⑥ 剧场入口
⑦ 观众席
⑧ 舞台
⑨ 储物室
⑩ 配电间
⑪ 多功能厅
⑫ 画廊
⑬ 控制室
⑭ 员工办公室
⑮ 马道
⑯ 下空
⑰ 化妆间

■ 平面图

0   5   10   20m

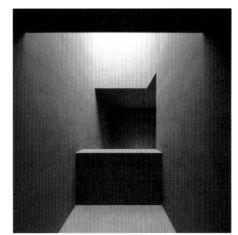

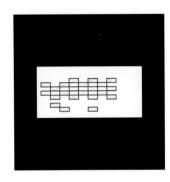

韩天衡美术馆
Hantianheng Art Musuem

项目地点 / 上海市嘉定区博乐路
项目规模 / 11 400 平方米
委托方 / 嘉定国资
设计单位 / 童明工作室
主设计师 / 童明、黄燚、黄潇颖
完成时间 / 2013
摄影 / 吕恒中、陈颖

■ 总平面图

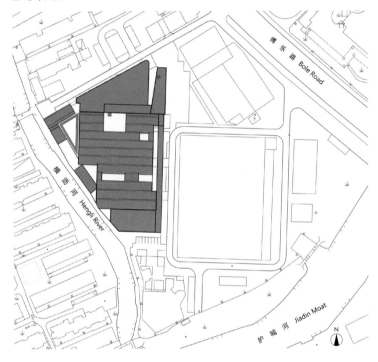

韩天衡美术馆坐落于上海嘉定老城区的南入口，建筑由一间有着 70 余年历史的纺织厂改造而成。美术馆以上海篆刻艺术家韩天衡的名字命名。建筑主体颜色设计源自书法用语"计白当黑"，黑白元素的搭配在体现虚实对比之美的同时，也与书法、篆刻艺术形式呼应。美术馆内的黑色区域为主题展示区，白色部分为辅助展区及办公区。其中主题展示区按照功能分为三个部分：一层为韩天衡历年创作的书画印作品；二层是韩天衡收藏的历代书画藏品；三楼是文房雅玩以及韩天衡艺术足迹馆。

建筑始建于 20 世纪 40 年代，老厂房为锯齿形建筑形式，为三跨简易木结构。20 世纪 70 年代扩建了 11 跨的预制混凝土结构，到了 20 世纪八九十年代，随着纺织厂又在南

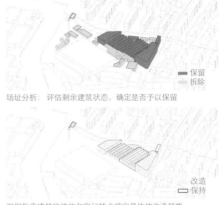

场址分析：评估剩余建筑状态，确定是否予以保留

改造后的博物馆能够举行各种展览和公共活动，各功能区能够独立运营

根据每座建筑的结构和空间特点确定具体的改造策略

新建结构将所有分开的展厅连接起来，从而使博物馆的整体功能更强大

侧加建了一幢两层高的精梳车间；并在北侧增建了三层楼高的青花厂房，同时，还在周边及缝隙中填充了库房与机房。

2011年在原有建筑格局的基础上，纺织厂变身美术馆的方案启动了。经过两年的改造，依据原纺织厂厂房功能区空间特点，变身为新美术馆展览区域。老厂房和筒子车间相对低平开阔，是纺织厂中最具工业建筑特色的一部分。设计中着重考虑如何在完整保留其屋面及梁架形式的同时，对原有结构进行钢结构加固，从而充分有效地再利用空间。两处建筑特征化的空间及其符号形式可以作为一个公共交流空间。老厂房用作临时展厅，而结构质量较好的筒子车间则改造为公共报告厅。

位于老厂房南北两端的青花厂房及精梳车间因其结构质量较好，空间也相对高耸集中，这些新建厂房的规整空间和牢固结构适于设备要求，作为美术馆的固定展区。除此之外，一些原属工厂的职工宿舍以及附属机房也被改造为美术馆后勤办公场所。为了使各个功能空间既相对独立又互相连通，设计时在各个功能组团之间加入相应的回廊和通道，以便美术馆在今后使用中呈现出功能上的多样性和便利性。

由于整个建筑场地几乎被各类大小建筑覆盖，内部空间又堆满了各种机器设备，很难看清厂房建筑的全貌。为了使美术馆为城市提供一个可以独立视看的醒目外观，除了老厂房之外的现代建筑都用黑色表达，结构基本由混凝土或者钢结构组成，以区别于保留下来的锯齿形厂房。同时，在功能方面也与美术馆的固定区域相对应。在材料方面，新增的钢结构使用氟碳喷涂黑色钢板和穿孔板，而改造后的混凝土结构则采用与之相应的纯黑涂料，并配以穿孔板门窗，南北两侧的建筑及东边的连廊形成了一个整体结构，

■ 北立面图

■ 东立面图

从外围包裹着老厂房。老厂房的锯齿形建筑结构是纺织厂的标志性特征，也是历史发展过程的见证，它应该是可供公众观赏的开放空间。在初步设计方案中，不仅在南北两侧较高建筑设置了从上方观赏的窗口，还在东侧连廊和门厅接合处也设置了一条地面到屋顶的公共坡道，它可以一直延伸到老厂房屋顶上的钢结构平台。这一设计使入口广场与沿河公共空间联系起来，同时为参观者提供了不同高度层面上对于锯齿形屋面的体验。

为了保证建筑的透气性，设计师设计时，在充分维护老厂房空间特征的基础上，又在其连片结构中嵌入了开敞环境和天井院落，植入错落的绿树竹枝，从而强化了锯齿形厂房轮廓的光影效果。为美术馆增添了些许园林韵味。另外，该设计在美术馆东侧与外围道路相接的地方添加了一条黑色钢结构敞廊，这不仅为主展厅与临时展厅增加了室外连接，也在老厂房之间形成了一条空缝，通过植入绿化使之与沿河公共绿带相呼应。

韩天衡美术馆存在多元化的功能组合，不同的区域功能分隔要求美术馆可以提供一个具有兼容性的入口。经过数次调整之后，将美术馆入口选择在青花厂房与老厂房的接合部位。它正好将原先保留下来的红砖烟囱包裹在内，通过一个 15 米高的空间转折后在东侧形成了一个巨型门廊，与其他支撑性的钢柱形成了一个具有舞台效果的背景。

■ 剖面图 B-B

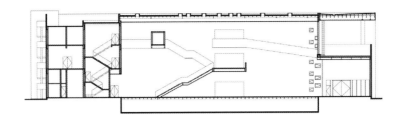

■ 剖面图 A-A

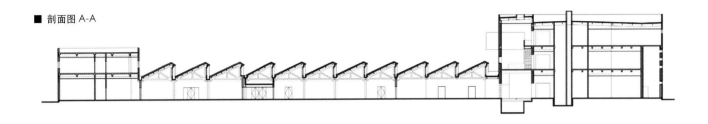

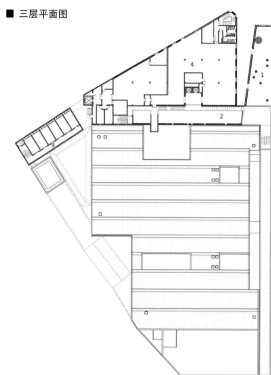

■ 三层平面图

① 入口雨棚
② 门厅
③ 足迹馆
④ 常用展厅
⑤ 临时展厅
⑥ 报告厅
⑦ 教学区
⑧ 室外长廊
⑨ 办公区
⑩ 茶室

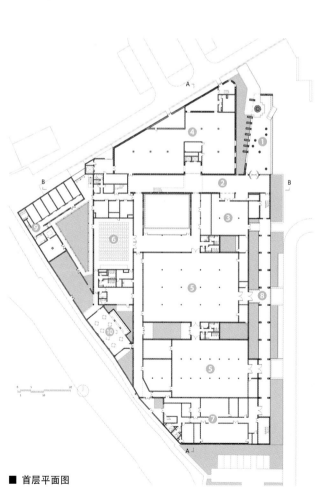

■ 首层平面图

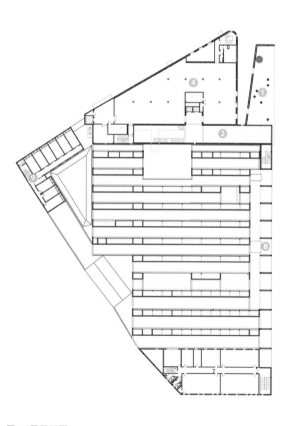

■ 二层平面图

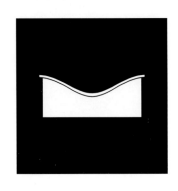

上海交响乐团音乐厅
New building of Concert Hall of Shanghai Symphony Orchestra

项目地点 / 上海市卢湾区复兴中路　　　　　主设计师 / 矶崎新、胡倩、高桥邦明、饭岛刚宗
项目规模 / 19 950 平方米　　　　　　　　　完成时间 / 2013
委托方 / 上海交响乐团　　　　　　　　　　　摄影 / 陈灏
设计单位 / 矶崎新 + 胡倩工作室

■ 剖面图

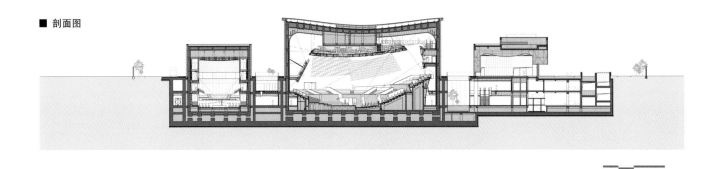

0　5　10　　　20M

上海交响乐团音乐厅位于复兴中路北侧、宝庆路东侧，用地面积 16 318 平方米。基地所在的衡山路—复兴路历史文化风貌区是上海市立法保护的历史文化风貌区之一，也是中心城区 12 个历史文化风貌区中规模最大的一个。用地范围内虽没有历史保护建筑，但音乐厅这一庞大的建筑会对风貌区整体氛围产生较大的影响，因此设计者在方案设计中力求尊重百年历史风貌，使之与周边建筑及街道环境进行有机融合。

首先，建筑体量和高度设定除了要满足城市规划指标和声学技术要求外，还需尽可能减小其对周边居民和其他建筑物的影响。因此，建筑被安排在远离居民区的道路一侧，高度向北面居住区递减。设计采用下沉式的手法，将两个音乐厅嵌入地下，从而使建筑体量大大消减，露出地面的总高度控制在了 18 米以下，降低了音乐厅对周边日照、景观、天际线的影响。主演艺厅后退至距离街道 25 米，简洁的矩形形体与曲面屋顶造型减缓了建筑对于街道的压迫感，而屋面贴近日照角度的曲率使基地内外的阴影面积大大减少。

其次，墙线的连续对历史风貌区氛围的形成十分重要，而大体量的开发往往需要大面积的前置广场，设计者采用了以多层次植物作为软隔断来连续墙线的做法，使视野相对开放的同时确保街道氛围的延续。

再次，建筑外立面采用了红、灰两种色相的陶土挂板，每种色相又分为深浅两种明度，搭配质朴的清水混凝土和花岗岩，体现出朴实厚重的文化底蕴和端庄优雅的气质风貌，与周围环境相得益彰。

上海交响乐团音乐厅的结构设计非常独特。由于场地条件和建筑功能的双重限制，音乐厅被设计为"全浮建筑"，如同飘浮在城市地面上的音乐盒。从场地方面来讲，场地面积偏小，轨道交通 10 号线穿越基地下方，与音乐厅的最近距离仅为 6 米，而建筑选择了下沉式设计，地铁运行的噪声和震动对音乐厅来说具有灾难性的影响。结构设计师巧妙地将整座箱型音乐厅置于隔震弹簧上，在消除固体传声影响的同时利用阻尼减震。计算结果显示，这一隔震装置为音乐厅降低了至少 20 分贝的噪声，相当于隔离掉90% 以上来自地下的震动。此外，上海交响乐团音乐厅的主厅和演艺厅均为"双层墙"结构，屋盖也采用了双层结构。混凝土结构构件完全充当了隔声构件，一方面大大提高了建筑围护构件的隔声效果，满足了音乐厅的隔声要求，另一方面也减轻了结构自重，有利于结构设计和施工。

不同于上海其他音乐厅，交响乐团音乐厅对于声学设计提出了更为具体而精确的要求。为使听众在音乐厅中获得最佳声学体验，交响乐团邀请了曾担任过日本札幌音乐厅及美国迪斯尼音乐厅声学顾问的专家丰田泰久参与设计。音乐厅包括主厅 A 和演艺厅 B 两

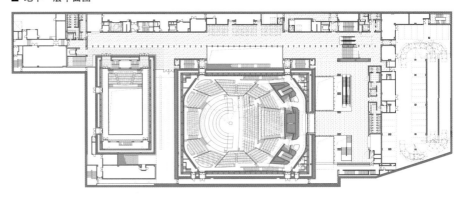

■ 地下一层平面图

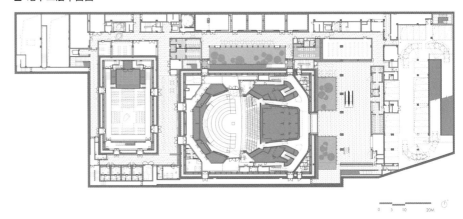

■ 地下二层平面图

0 5 10   20M

个排演厅：主厅有 1200 个座位，舞台面积约 280 平方米；演艺厅有 400 个座位，舞台面积约 220 平方米。两厅均采用开放式舞台。主厅 A 采用了整体鞋盒式加局部葡萄园式的布局，利用分割观众席的独立隔墙加强厅内的声音反射。墙上 6 块经过周密的角度计算的大型反声板均衡地将乐声反射传递到观众席的每个座位，形成最佳的声学效果，并且还可利用高性能投影装置呈现影像。演艺厅 B 为满足多种表演形式的需求，其地板被设置成 12 块等标高的可升降平台，400 座观众席只有 87 个固定座位，其余可按照需要来调整观演位置或是升起作为舞台，大大提升了演艺舞台的适应性和灵活度。

上海交响乐团音乐厅是一个置于历史街区中的音乐盒子，对于城市而言，它通过严格的体量控制、精选的立面材质和环境氛围的营造，以端庄优雅的姿态融入到周边环境和生活中；对于音乐而言，在建筑师与各专业团队的密切配合下，它实现了为交响乐以及新时代的音乐演出提供完善音质的追求目标。虽然城市性与完美箱体之间存在着一定的内外矛盾，但正是两者之间的潜在冲突为最后建成的建筑提供了内在的张力，使得"城市中的盒子"这一独特的作品呈现在人们眼前。

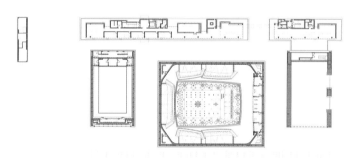

■ 二层平面图

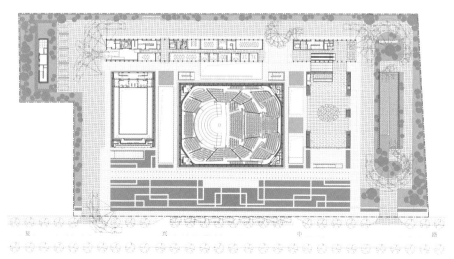

■ 首层平面图

■ 主厅剖面透视图

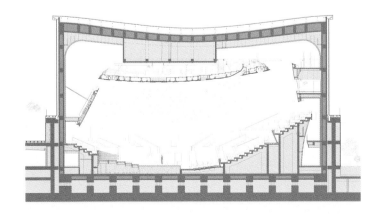
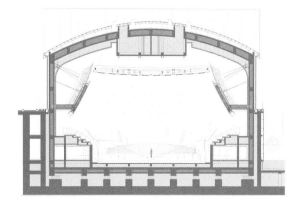

■ 排演厅剖面透视图

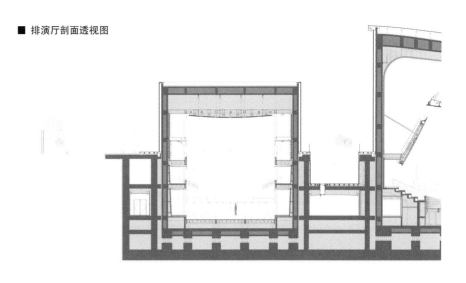

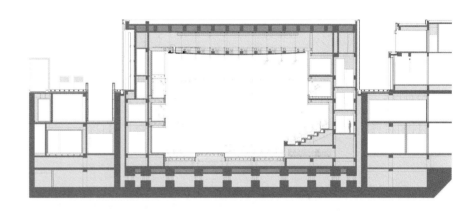

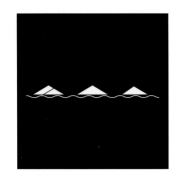

松江广富林博物馆
Shanghai Songjiang Guangfulin Museum

项目地点 / 上海市松江区广富林街道
项目规模 / 23 560 平方米
设计单位 / CCDI 悉地国际（建筑、结构、机电设计）
完成时间 / 2016
摄影 / 章勇

■ 总平面图

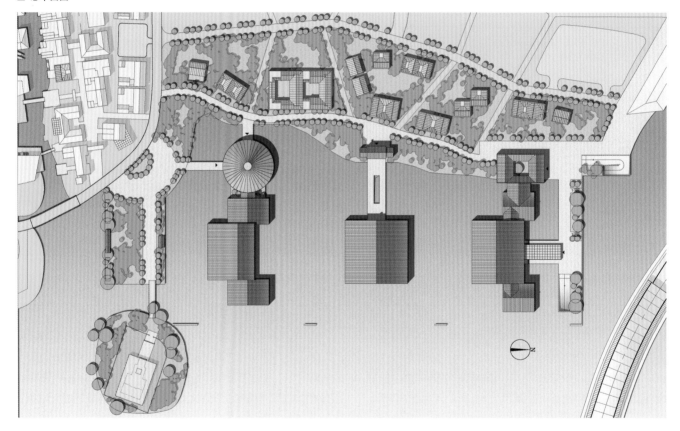

松江是上海历史文化的发源地。开埠前，作为上海地区的政治、经济、文化中心，松江文化兴盛，人才荟萃。广富林地区位于松江新城北部，21 世纪初，广富林遗址原始文化的发现轰动了考古界。早在 4000 年前，鲁豫皖地区的龙山文化王油坊类型文化部族为躲避洪灾和战乱迁入松江，形成了外来特征明显的"广富林文化"。以此考古发现为契机，为了更好地展示松江丰富的文化遗产，广富林项目将遗址保护区、风貌再现区与新建博物馆一体整合，打造成了上海文化新亮点。

广富林村老城是典型的江南水乡建筑群落，水网密布，房屋低矮，窄巷纵横。场地选址于广富林村东部，是广富林文化群落的核心地段。整个设计注重建筑与周边环境的融合，空间构成方面通过总体布局上的纵轴线贯穿三组建筑群体，形成连续的空间序列。西侧陆地被河道从北往南分隔为三个部分。南侧陆地面积较小，主要为博物馆及古建筑的入口前广场；中间的陆地主要包括尧舜禹纪念馆、三重塔、知也禅寺、后堂、吉门等古建群落；北侧陆地为明代高房等传统民居及停车场。博物馆沿人工湖西岸紧邻古建区布置，作为整个片区中的巨无霸，如何打造大体量建筑与周边传统建筑的友好关系，如何充分利用基地水体，建筑师给出了独特的"消隐"方式：根据不同功能将博物馆分解为多组建筑群体，形成连续的空间序列；同时将大部分建筑体量压入水下，可以减少建筑体量过于庞大而对周围环境造成的压迫感，以获得视野明快和清爽的感觉，并有增大空间感的效果。

整个地块平面布局结合地形水体，安排体量功能各不相同的建筑，做到错落有致、疏密相间。水中从北往南，依次布置了博物馆的三组标志建筑：文化交流中心、文化演艺中心、文化展示馆，以三组建筑的大屋顶形成一条南北向的主轴线，参观者步入水下进行参观，仿佛走在通往历史深处的时光隧道之中。整个建筑群体设计的立意构想是用现代材料、现代技术来表达传统建筑的古典风格，建筑外观用简约风格勾勒出传统坡顶造型，室内则采用传统中式风格。同时引入绿色建筑理念——坡顶部分采用玻璃顶加内遮阳形式，减少了室内人工照明，还在局部设太阳能光电板发电，节约了近30%的照明用电。周围由湖水环绕，东侧大面积湖水被引入建筑基地，使人产生建筑漂浮于水面的错觉。设计师在东侧充分考虑沿龙源路城市主干道隔水相望的视觉效果，使建筑体量、高度、布局变化，以达到步移景异的效果。

■ 立面图

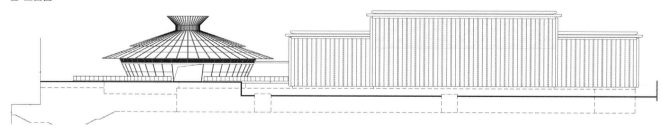

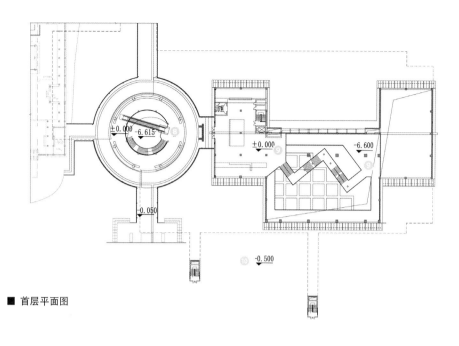

■ 首层平面图

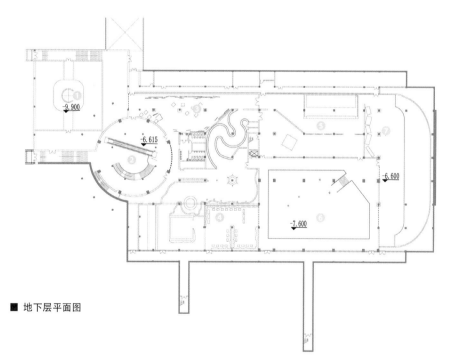

■ 地下层平面图

① 4D 影院
② 采光庭院
③ 松江及上海历史展厅
④ 临时展厅
⑤ 广富林文物展厅
⑥ 模拟发掘展厅
⑦ 先民场景再现展示
⑧ 入口大厅
⑨ 展示厅
⑩ 水面

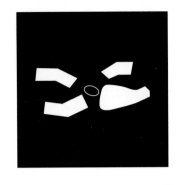

上海国际舞蹈中心
Shanghai International Dance Center

项目地点 / 上海长宁区虹桥路
项目规模 / 85 000 平方米
委托方 / 上海市政府
设计单位 / STUDIOS 建筑事务所、上海建
工设计总院

主设计师 / 托马斯·K.伊
完成时间 / 2016
摄影 / Nic Lehoux 建筑摄影工作室、乔
努·辛格尔顿 (Jonnu Singleton)/SWA 集
团、Sunvast 公司

■ 总平面图

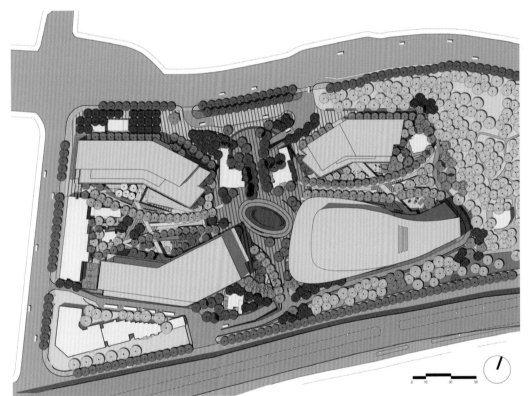

上海国际舞蹈中心的设计灵感来自舞蹈的精神，形态充满了流动感和生命力，由于近
一半建筑位于地下，因而为基地提供了开敞的庭院空间。弯弯曲曲的小路、喷泉和一
排排的树木通向一个开放的中心广场，阳光和新鲜空气沿着建筑周边进入地下区域，
比如排练厅、餐厅、体育馆以及辅助空间。

上海国际舞蹈中心建筑面积达 8.5 万平方米，包括一个座席数 1080 的大剧场和一个 300 座的合成排演厅（小剧场）、演奏厅、排演厅、舞蹈学校和上海芭蕾舞团总部等。该建筑在国内达到了最高的三星环境等级。设计师利用自然的通风系统，高性能的建筑外观、降温屋顶等可持续发展的功能，来帮助建筑减少能源需求，这些功能所需的主要材料均选用当地制造的赤陶。剧院大楼的屋顶还设有光伏面板。作为一座世界级的建筑，其使命不仅是传授舞蹈艺术并促进发展，还将作为一个与世界各地舞蹈专家交流的新中心。设计团队按照国际标准，结合高效与周到的设计策略，创造出了一个充满活力的文化中心。

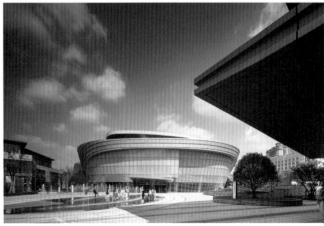

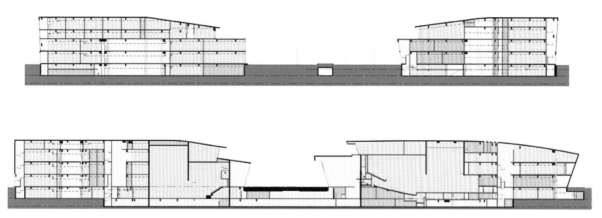

■ 剖面图

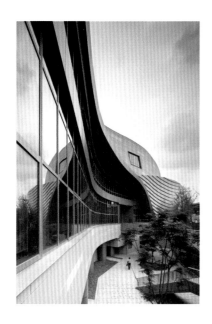

■ 高性能建筑策略

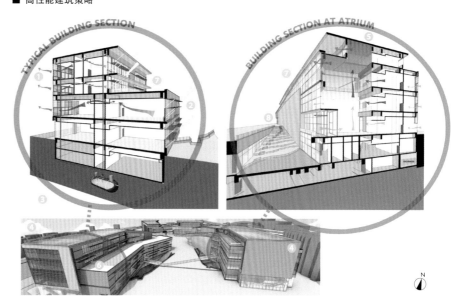

1) 自然通风
2) 深深的屋檐和遮蔽装置
3) 雨水收集、存储和再利用
4) 太阳能光电
5) 抽吸效应
6) 屋顶隔热
7) 高性能表皮
8) 本地材料

■ 剧场和排练厅剖面

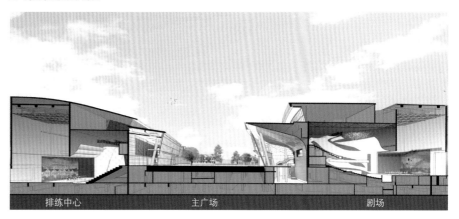

排练中心　　　　　主广场　　　　　剧场

■ 一层平面图

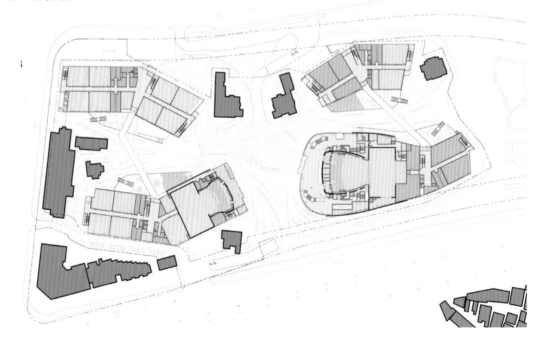

■ 二号楼二层平面图

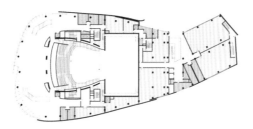

■ 二号楼三层平面图

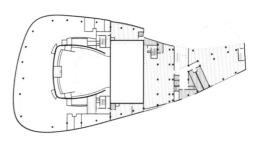

■ 二号楼地下一层平面图

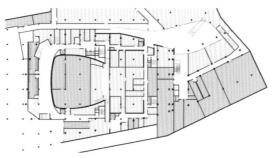

■ 二号楼一层平面图

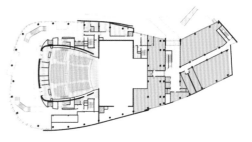

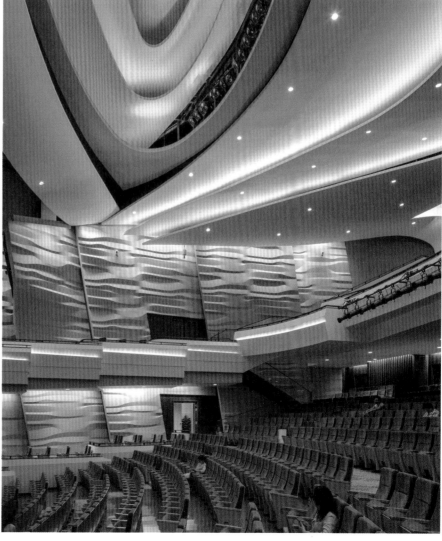

图书在版编目(CIP)数据

上海新建筑／冯琼,刘津瑞编著.—桂林:广西师范大学出版
社,2018.6
ISBN 978-7-5598-0555-3

Ⅰ.①上… Ⅱ.①冯… ②刘… Ⅲ.①建筑设计-案例-上海
Ⅳ.①TU206

中国版本图书馆 CIP 数据核字(2017)第 328005 号

出 品 人:刘广汉
责任编辑:肖　莉
助理编辑:冯晓旭
版式设计:马韵蕾

广西师范大学出版社出版发行

(广西桂林市五里店路 9 号　　　邮政编码:541004)
(网址:http://www.bbtpress.com)

出版人:张艺兵

全国新华书店经销

销售热线:021-65200318　021-31260822-898

恒美印务(广州)有限公司印刷

(广州市南沙区环市大道南路 334 号　邮政编码:511458)

开本:889mm×1 194mm　　1/16

印张:18.5　　　　　字数:95 千字

2018 年 6 月第 1 版　　2018 年 6 月第 1 次印刷

定价:248.00 元

如发现印装质量问题,影响阅读,请与印刷单位联系调换。